JN301697

農で起業！ 実践編

新しい農業のススメ

杉山経昌

目次

農で起業！
実践編
新しい農業のススメ

2 農を実践する！

3 農を次世代に託す

「新しい農業」実践のための5箇条

1 農業専業で、小規模経営。

2 「最適化」で農薬・肥料代を90%減らす。

3 補助金はもらわない、無借金経営。

4 健康的で文化的な生活は手放さない。

5 自分が食べたいものを作る。

はじめに　楽しく、豊かに、農で生きる

農業は究極の自営業

農業というのは究極の自営業だと考えている。

「究極の」というのは、単にお金が儲かるという意味ではない。

もちろん生活していくだけのお金は必要だから、農業を生業として、ビジネスとして選ぶ以上、利益を出さなければならない。

だが、ここで農業を「究極の自営業」だと呼ぶのは、利益を出せるという理由からだけではない。

農業が自営業のなかでも抜群の安定性を獲得することができるから、農業は究極といえるのである。

自営業というと「不安定」「高収入のときもあれば、収入がゼロに近いときもあるんだろう」というイメージがあるかもしれない。

一方で、自営業とは対照的なサラリーマンは安定して収入を得ることができるイメージがある。

だが、現実にはもはや**サラリーマンは安定した身分ではない。**

終身雇用、年功序列といった制度はほとんど壊滅的。将来的にもこのような典型的「日本型経営」が復活する可能性はない。企業が労働力を調整しやすいように派遣社員の比率はますます高まる。派遣社員は原則として雇用先で三年以内しか働くことができないのだから、技術が身につかず、取り替え可能なものとして扱われる。

正社員であろうが、会社が倒産してしまえばおしまいだ。サラリーマンは決して安定したものではない。

リストラされる不安に怯えながら、毎日満員電車に乗って、疲労困憊して帰宅する。帰宅しても、翌日仕事へ出かけるために、夕食を食べてすぐに眠る……

このような働きづめの生活では過労で倒れてしまう、将来性がないと考え、外資系企業でめちゃくちゃ働いていた私が新規就農を果たしたのは五〇歳のときだった。

生活を自由に管理することができる農業の魅力

自営業の農業の大きな特徴は、まず**自由だ**ということが挙げられる。

「自由」という言い方が漠然としているのであれば、自律（自立）と言い換えてもいい。

人に決められた時間働き、人に決められた仕事をするのは自由ではない。

自分の生活は、自分の人生は自分で決めたい。

もっと人間らしい、ゆとりがあり余裕もある生活がしたい。


実際に農家になって、こんな贅沢で、理想的な生活を送れるようになった。

収益を上げようと思えば、収益を上げられる。収入を減らさずに、労働時間を減らすこともできる。余暇は旅行や読書を楽しむ。

まさに悠々自適である。

人に管理されるのではなく、生活を自分で管理するのは最高だ。

自分が仕事を管理する自営業の農家は、まさしく「経営者」なのである。

自分の都合で労働時間や、収益を決めることができる。私はこれを**「自分都合」経営**と呼んでいる。


「自分都合」の経営の具体例をひとつ挙げよう。

二〇〇八年に私は第二ぶどう園を完全に壊した。これによって年間労働時間は一〇〇〇時間減少させることができる。自分の最適だと思える労働時間を設定して、それに準じた規模へと経営を変えてしまうのだ。

収入は一〇％減る見込みだが、労働時間は三三％の削減となる。収益だけを追うのももちろん可能だが、自分の時間を確保して、収益の減少を最低限に抑えることを選ぶこともできる。

そして、このような経営を柔軟に変えることができる経営は、小規模でなければならない。不必要に大きくせず、量を売るよりは、質の高いものを高く売るのが基本となる。

心の余裕が正の循環を生む

さて、私の田舎生活を概観すると、それは三つの部分に分解できる。「専業農家としての経営」「趣味の園芸としての楽しい農業生活」「田舎暮らしを満喫する自由人生活」である。

そしてその三つが実はセットであるから楽しい人生を謳歌できているのだと思う。

はじめの「専業農家」の部分は本書の主要なテーマであり、また生活の基礎となる根幹部分なので効率を追求し、無駄を省き、ＩＴ（情報化）を含めた高度の経営技術を駆使して生産性を上げている。

その結果、最小の時間で文化的な生活を成り立たせている。

次の「趣味の園芸」では、経済活動としての高効率農業のほかに、自由時間がたっぷりあるし、土地もあるから、趣味で作物を作ってもいる。

これは経済活動ではないから加工の仕方や食べ方の研究や、さらには専業農業のバックアップビジネスの開発の意図も少しはある。

この部分で我が家の地下室には家族二年分ぐらいの食料の在庫がある。

テレビで失業者が食事の炊き出しに列を作るのを見ていると、お金のために生きる生き方がいかに脆弱な食環境にあるかを知り、愕然とする。その意味では私のライフスタイルは心の安定と余裕で満たされている。

最後の「田舎暮らしを満喫する人生」の部分は、時間的には最大のパイの切れ端であるが、土地と地域に根ざした人のネットワークである。

農産物の余りをあげたりもらったり、農機具や道具類、その他を貸したり借りたり、情報をもらったり提供したり、知恵を借りたり貸したり、そして趣味の時間を共有したり楽しんだりの人生そのものである。

この**心の余裕が満たされているからこそ、専業の農業経営もまた本書で開示しているように上手くいく正の循環が成り立っている**と思う。

大きな経営ではそのような余裕は生まれない。我が葡萄園スギヤマの経営上のこだわりを見ていただきたい。

葡萄園スギヤマにおける経営上のこだわり

1、農業専業でなるべく小規模な経営を行う（↓高効率LISA）
2、農薬も化学肥料も使いつつ環境になるべく優しい農業を行う（↓LISA）
3、補助金に頼らない（↓経営の健全化、自立化）
4、無借金経営（↓自己資本比率一〇〇%）
5、健康で文化的な生活は手放さない（↓憲法第二五条）
6、他人の経営に学ぶが、真似はせず（↓後塵は拝しない、トップランナーになる）

7、今日の私は昨日の私ではない（→日々改善を怠らず、現状に留まらず）
8、自分が食べたいものを栽培する（→作物を好きになる、好きなものを作る）

ＬＩＳＡというのは「農業経営に投入する資源を極力小さくしましょう」という意味があり、通常「低投入持続型農業」と訳される。しかしここで「投入」とあるのは、原則として農薬と化学肥料だけである。

つまり、安全安心に関する情緒的切り口での接近である。

が、農業経営にはその他の面でも改善の余地が多い。私は施設園芸主体の農家だから二重基準のそしりをまぬがれないが、だからこそ、総エネルギー・ベースと再生可能資源にこだわったＬＩＳＡに取り組もうと決心した。

小さな経営が正の循環を起こした結果ゆえのこだわりが見えると思う。

その結果、私は小さな経営に基づいた農業の最適化を重ねることによって、日本の農業が無理な大規模化・効率化の道を歩んで挫折するのではなく、たくさんの人々が実現可能で心豊かに暮らせる小規模経営の「楽しい経営・楽しい農業・楽しい人生」を実現させることを期待している。

本書はこのような豊かな生活モデルを目指し、農業をビジネスとして成り立たせるための方法を盛り込んだ。

1章では「収益率を高めるためには小規模経営が良い」「栽培面積を何倍も広げるよりも、付加価値をつけて販売価格を上げるほうが容易だし、利益も出る」「生産性を上げれば、収益を減らさずに労働時間を短縮できる」といった基本的な思考法、2章では、宅配業社の選択、資材管理のコツなど農業を営むうえでの具体的・実際的な話題まで踏み込んでいる。また3章では産業、ビジネスとしての農業のこれからを考え、後継者問題、これまで自分が蓄積してきたノウハウや技術をどう次世代に残していけばいいのかという技術移転の話にも触れた。

私の地下室が食料で満たされているように、みんながお金を追い求めるのではなく、結果として心豊かな人生、心豊かな余裕を、多くのお金を求めずとも手に入れる人生モデルを提供できないかと願っている。

1

誰でも成功できる
農の世界へようこそ

自由で楽しい農業を目指そう！

五〇歳からの新規就農

私が専業農家へと転身を図ったのは、五〇歳のときである。

代々農家の家に生まれ、当然のように家業を継いだ人たちに比べれば、ずいぶんと遅い農業デヴューだ。新規農業者でも、五〇歳から農業を専業で始める人というのは少ないのではないだろうか。

専業農家になる前、私は外資系企業で営業統括本部長を務めていた。だから、農業については無知も無知。ほとんど何も知らない状態だった。

なんせ「お百姓さんになろう!」と決意したあとでも、何を栽培するか決めていなかったほどなのだ。

そんな私が、どうして農業に就くことを思い立ったかというと、バブル経済がまだ続いていた時代だったこともあり、外資系企業での仕事がめちゃくちゃ忙しく、苦しかったからだ。

あの頃は、本当に文字通り、朝から夜まで働き通しだった。

私だけではない。

日本社会すべてが、目的もなく、ただひたすら狂奔していたようだった。どこかで無理が出てくるのは当然の成り行きだった。

同僚や取引先の社員がバタバタと過労のために倒れていくなか、私自身も大きなストレスを抱え「このまま仕事を続ければ、命を落としかねない」と不安になった。

- **無理して働くよりは、ゆとりをもって働きたい。**
- **時間を犠牲にして金儲けするより、時間を大切にしたい。**

● 大量生産、大量消費の生活よりも、少量生産がいい。
● 不特定を対象としたマーケットより、個人対個人による信頼ベースのやり取りをしたい。

このようなことを考えるようになった。

地に足をつけた仕事がしたい

当時の日本は土地バブルの真っ最中で、アメリカの住宅バブルなどをはるかにしのぐ狂乱地価だった。

日本の土地を全部売ればアメリカの土地全部を買い占めてもお釣りがくると、まことしやかに言いつのるビジネスパーソンがいた。誰もかれも土地を欲しがり、東京周辺ではマイホーム、マイホームとより安い土地を求めて通勤時間は一時間から一時間半、そして二時間から果ては二時間半の通勤時間地域までもが通勤圏と呼ばれ、新幹線通勤者が現れる始末だった。

人間とはここまで馬鹿になれるのかという状況であった。

しかし人は馬鹿なだけでなく学習もしない生き物らしい。

私の最初の著書である『農で起業する！』が出たあと、就農したいと訪ねてきた若いご夫婦がいた。

私がご主人に小さな農業経営を説明していたら、奥様が冷めた顔で斜めに見て「私はパソコンの株取引でその程度の収入は上げられます」と、のたまった。

私もつい、むっとして「それなら私の貴重な時間を奪わないで、帰ってその生活をされたほうが農業よりも楽でしょう」と話を打ち切った。

しかし彼女の考えもうなずける部分はある。

ＩＴの発展、規制緩和の流れで「マネーゲーム」の敷居が低くなり、一般の人も株取引に気軽に手を出せるようになっていたし、それを持ち上げる風潮もあった。このような地に足のつかない人間社会の醜さから一線を画したいと私は考える。

「サラリーマン不況」時代に進んだモラルハザード

最近はサラリーマンといっても、そう安定した身分でもなくなってきた。

むかしはサラリーマンなら確実に、リスクなしでお金を稼げると思っている人もけっこういたものだ。「サラリーマンは気楽な稼業だ」と植木等さんが歌ってから五〇年が経つが、タイムカードを押しさえすればお金がもらえると世の人々が勘違いしたのだろうか。

だが、世の中は変わる。一九九〇年二月二一日のバブル崩壊（私の就農から七日後！）によって、植木等的サラリーマンの地位は地に落ちた。

タイムカードを押していればどころか、一生懸命仕事をしていても解雇されてしまう時代への突入だ。

社内にリストラ旋風が吹き荒れ、最初から数の決まった椅子取りゲームよろしく、ほかの人をどうにかはじき出して、自分が生き残ろうとする人が増えた。本来ならば協力して共通の目的である「利益」の獲得に努めるはずが、雰囲気がギスギスして、サラリーマンにとって会社は針のむしろとなった。

そのせいだろうか「百姓になりたい！」というメールをいただくことが増えた。だが、まだまだ、その発想が前向きではなかった。つまり「農業をやりたい！」と積極的に農業に意欲を燃やすのではなく、会社の人間関係からとにかく逃げたいという動機が目立っていた。

それでは農業界が産業界の姥捨て山になるだけだ。これでは喜べない。

企業の側もバブル崩壊でモラルは地に落ちた。

就農前に私が働いていた企業、その取引先企業はすべて「一流」だった。一流とは大きさではない。モラルの水準である。

お互いに自分の失敗を相手企業に、ましてや従業員に転嫁したことはない。当然である。だが、バブル崩壊を迎えて周囲を見回してみると、なんと大小企業合わせて三流以下の企業が多いことか、と嘆きたい気持ちになる。

● 事業を継続する意志があるのに、一度会社をつぶして、再雇用を条件に退職金の辞退を迫り、再雇用時には給与を大幅カットして人件費を節約する会社。
● 強い地位を利用して、従業員や取引相手に自社商品を大量に押しつけ販売する会社。
● 行政も、国民と県民の三〇〇〇億円もの税金をつぎ込み、無駄遣いを後押しし、当然の帰結として経営がまわらなくなると、企業につぎ込んだ税金の二〇分の一以下のお金で外資にたたき売る！

こわいのは、このような企業、行政、銀行まで巻き込んだモラルハザードの雪崩現象が、若い人たちに伝染して、世の中のモラル水準がどんどん低下していくことである。

一流のモラルを守ろうとする人間は、もはや「化石」として、忘れさられていく運命にあるのかもしれない。

だが、私はもっと人間的なライフスタイルを渇望するようになっていた。

これが五〇歳にして、農業の道へ進む決意をした理由である。

また戦時中、東京から千葉に移り住み、山と川で遊んだ子ども時代の楽しい思い出も、農業を選んだ理由になっているのかもしれない。

経験を埋め合わせるためのビジネス・スキル

結局、私は宮崎県の綾町《あやちょう》で就農した。で、就農したはいいが、素人だからまず何をしたらよいのかわからない。実体験はゼロ！　農業研修は一日も体験していない。これで、本当に大丈夫なのかなー。でも、まあなんとかなるだろう、と前向きに考えることにした。

まず私が行ったことは、地元の農協から、町内世帯の生活費とぶどう、キンカン、ハクサイ、キャベツなどの栽培データをもらい、それらをパソコンに入れて営農計画を徹底的にシミュレーションすることだった。

これはサラリーマン時代に得た貴重なビジネス・スキルだ。

私がまったくの初心者、農業研修もしないまま、農業の道へ入り、就農三年目には黒字農家へと昇進できたのは、ビジネスの基本を押さえていたところに負うものが大きい。

趣味ではない、半農半趣味でもない**「収益を目的とする農業」は、ひとつのビジネスなのだから、ビジネスに相応しい方法がなければ、経営として成り立たない。**

逆にいうなら、きちんとした経営方針と、その方針を実行していく力があれば、少々の問題が起こっても十分に対応できるはずだと私は考えていた。

この判断は間違っていなかったと思う。

誰にでもできるスギヤマ式農業経営

ちなみに、就農先を綾町に決めたのは、偶然のようなものだった。日本全国を巡り歩き、たくさんの候補地のなかから比較検討した結果、選んだわけではない。

百姓になろうと決めてからは運命に身を委ね、熱意を語り、助けを請い、常にスモールビジネスとしての農業経営の最適化に努めた。

たまに、人から「あなたは素晴らしい人たちに巡り合い、良い土地を得た。だから成功できたのだろう」と言われることがある。

最初の部分は、事実その通り。恵まれた出会いは数えきれないほどある。

だが、最後はちょっと違う。

私の農業経営は、出会った人々との心の通い合いに努め、その土地に合った作物をその土地に合った栽培法で作り、付加価値の高い売り方をすれば、**誰でも、どこでも成り立つ普遍的な方法だ。**そう信じている。

おおげさな言い方に聞こえるかもしれないが、農業経営は方法によって、誰でも成功できる。何か特別に優れた能力、才能が必要なわけではない。

それなのに、ただただ闇雲に働き、努力が実を結んでいない農業者がどれだけ多いことか。本書は然るべき努力をした者が、確実に果実を手に入れられるようになるための手助けをする本である。

そのため、具体的な事例をできるだけ多く挙げて、私が日々どのようなことを中心に経営の改善を図っているかを解説していきたい。

最強の「最適化経営」

「誰にでもできる農業経営」にとって重要なことはひとつだ。

それは「最適化」という言葉に尽きる。

最適化経営こそが、これからの農家が生きのびるための「強い」経営だ。

「収益」「栽培作物」「労働時間」「農地面積」などなど、すべてを「最適」にして、ハイパフォーマンスを実現させるのが「最適化経営」である。

この最適化経営は、働けば働くほどいい、規模は大きければ大きいほどいい、農地面積はできるだけ広く……と、いったような考え方は断じてしない。

後に詳しく述べるが、むしろ最適化経営というのは、スモールビジネス、すなわち**「小さい経営」**を理想とする。

これは身動きが取れ、柔軟性に富み、収益性を高め、必要に応じて大きくすることも可能なモデルだ。

この経営は誰にでもできるという普遍性を持つとともに、柔軟性があるため各人に合わせた経営へと自在に変化させることができ、また日々進歩させることができる最高の経営形態である。

「自分都合」経営のすすめ

たとえば私の目指す「小さな経営」は、無駄な時間をできるだけ省こうとする。

だから、収益に結びつかない労働時間は、できる限り減らす。そうすることによって、収益性を高め、最適化を繰り返していく。

これを繰り返していくと、利益をそのままに（あるいは利益を増やしながら）、労働時間を減少させていくことができる。「都合の良い話だ」と思われるかもしれない。実際、都合が良いのだ。その都合の良い話は、実現可能なのである。

事実、私たち**夫婦二人の年間労働時間を、就農当初の半分以下にすることができた。**もちろん利益を減らすことなく、である。

二〇〇八年では、夫婦二人でおよそ年間二九九〇時間の労働時間だった。余裕のある働き方ができたと思う。

特に秋の終わりから冬にかけてほとんど仕事がないので、旅行に行ったり、本を読んだり、販売アイデアを練ったりと、自由に過ごすことができる。

そもそも農業という仕事を選んだのは、ストレスの多い、時間と自分を会社に捧げる生き方をやめるためだった。

だから自分の個性、思いつき、アイデアをすぐに、どれだけでも仕事に反映させることができ、それによって収入と時間をきちんと確保しなければもったいない。

目指すべきは「自分都合」の経営である。

他人に振り回されずに、自分の都合で労働時間を決め、時給を決め、価格を決める。

私は既に労働時間をかなり減らすことに成功して、悠々自適の生活を送っているが、贅沢にも「もっと時間的な余裕が欲しい！」と思い、労働時間をさらに一〇〇〇時間削減することにした。この計画については3章で詳述する。

収入は一〇％ほど落ちる見込みだが、労働時間の削減を優先することにしたのである。

このように自分の都合、好みに合わせて経営を柔軟に変化させることができるのが、最適化農業の強みだ。

これはあくまで一例だが、工夫次第で労働時間を三三％も落としつつ、収入を一〇％の減少で抑えるという選択肢をつくることもできるのである。

就農前の準備が成功を決める

就農前シミュレーションの実際

さて、先に就農前にシミュレーションを行ったと書いたが、具体的にどのように進めたかをここで紹介してみたい。

私の場合は、何を作るかさえ決めていなかったので、まず何を栽培するか、何を栽培したら収益を上げられるかを探ってみることにした。

方向付けをわかりやすくするために、シミュレーションを始める前に「花木はやらない」「畜産は除外」と決めた。

図1　シミュレーションの実際

項目	無加温ぶどう	露地キンカン	スイートコーン	人参	大豆	ハウスアスパラ	総合
栽培面積（アール）	34	24	30	20	10	34	152
粗収入（千円）	4080	1200	585	352	64	255	6536
総労働時間	1360	871	417	260	28	109	3045
時給	1877	984	445	827	391	1344	1303
							RONA=7.92

表計算ソフトで作ったファイルの一部分を切り出してみたもの。作物の栽培面積をどのように振り分けるか考えつつ、シミュレーションを行った。ぶどうの時給が1877円と高いことから、労働時間もぶどうに割いたほうが効率的だとわかる。だからといって、ぶどうだけを育てていては、ぶどうがダメだったときが不安だ。メインの作物が決まっても、保険としてほかの作物も何種類か作っておくのが良い。このようにシミュレーションを繰り返すうちに、次第に自分が作る主要農産物が見えてくるはずだ。

そして宮崎県綾町で栽培されていた光合成に依存する植物のうち二六品種を対象にシミュレーションを行うことにした。その結果は、畳一枚にもなるような大きな表なので、その一部分を切り出して図1に示した。

ぶどうをはじめとした六種類の作物を延べ一五二アール育てれば六五〇万円の粗収入が得られ、年間総労働時間はぶどうの一三六〇時間を含め三〇四五時間になるとわかった。

直接経費一五〇万円と間接経費一〇〇万円を引いても、四〇〇万円残る計算になる。

経費を引いたあとの賃率で、時間所得一三〇三円が得られた。もっとも注目したのは右下RONA（Return on Net Asset：純資本回収率）で、それを見ると投資した資金は毎年約八％還ってくる。この八％という数字は、**実はとんでもなく高い！**

かなり優秀な企業でもRONAが五％を上回ることはまずないことを考えると、農業がとてもパフォーマンスが高い産業であることが分かる。

併せて行った生活費のシミュレーションでは田舎の生活費の安さが際立った。農業というのが効率の良い産業であること、生活費が安いことが決め手になって、就農へ具体的な作業が加速された。

シミュレーションをしているといままで漠然としていた農業という仕事のイメージが徐々にはっきりとした形として思い浮かべることができるようになり、意欲が湧いてくるし、生活の不安も薄められる。

シミュレーションをした結果、計画性をもった経営を予め立てることができた。

就農にかかるお金

就農前シミュレーションの結果を踏まえて予算を組んだ。

①土地・施設の購入費
②一年分の農業経費
③二年分の生活費
④農業機械・機具の購入費
⑤予備費
⑥危機管理費

予算の特徴は危機管理費のような項目を盛り込んでいること。前職で外資系にいたのでシミュレーションする習慣といい、この種の予算を組む点といい、それまでの経験が非常に役立った。

予算を組む、ということは、どこまで余裕をもった計画のもとで就農するかということで、もちろん余裕は大きければ大きいほどよい。

だが「自分が予算管理を厳密にする性格か？」「それとも余裕があることをいいことにずさんな予算管理をしてしまうのか？」というのは、金額の問題ではない。
①の土地、施設の購入費は、経営上は借りてスタートすることもできるし、その土地が自分の経営にとって最適な土地かの判断がつかない時点では、慌てて買わないほうがいいこともある。この土地購入予算を最初から組むのが必須とは断言できない。
②の一年分の農業直接経費はシミュレーションに基づいて一五〇万円組んだ。だが、農業は、購入費は後払いや収穫期払いなどの仕組みがあるので、必ずしも健全とはいえない。
しかし私の場合には予算を必要としなかった。そのうえ一年目からそれを上回る農業収

入が得られた。

③の生活費は親子三人で文化的な生活を維持する費用は田舎で、農家なら二〇〇万円で十分だった。それも二年目から生活費も稼ぎ出し、三年目からは所得税を払える状態になったから、本当に必要となったのは一年分の生活費だけだった。

④の農業機械、機具の購入費は予算五〇万円、実際に購入したのは三〇万円だけだから、予算を二〇万円余らせた。予備費は五〇万円、危機管理費は一〇〇万円組んだが使わなかった。

要するに、一年分の生活費と農業機械・器具の購入費の**二五〇万円で就農できるのである。**

どうですか？　新規就農というとずいぶんと敷居が高く感じられ、行動に移すのにためらいを覚えている人もいるかもしれませんが、予算的にはそれほど大きなハードルではないことがわかるのではないでしょうか。

もっともこれはあくまでもきちっとしたシミュレーションと、計画管理ができる場合の例で、自分がどの程度にずさんな性格かによって余裕の予算を組む必要に迫られることもあるだろう。

さて、予算合計の多寡は条件によって異なるのは当然だが、重要なのはまず予算を組んで、その予算内に収めるということだ。

五〇万円なら五〇万円、それしか予算がないのなら、その範囲でやりくりするべきだ。一度、予算ルールを破ってしまうと、ずるずると予算オーバーを重ねてしまう。これは絶対に避けるべきだ。

土地を安く買う！

ちなみに土地を安く購入する方法もある。

土地は農家にとって超重要な財産だ。

農家は土地の活用法によって成功するか否かが決まる。

よく新規就農する人で不動産屋さんに土地の打診をする人がいるが、これはあまりおすすめできない。綾町の場合、宅地として取引される場合に坪五万円する場所では、**農地として買えば坪五〇〇〇円である。**一〇分の一という価格で土地が買えてしまうのだ。

農家はそれだけ保護され優遇されているのだから、所有している農地を有効活用する義務もある。

だが、実際にはその義務を果たさない人が多いから、役場の農業委員会や農協は土地を探す人を胡散臭い目でまずは見る。土地転がしを目的とする人が、この制度に入り込むチャンスを狙っているからである。したがって就農するときに、土地探しから入るのはよほど人を説得するのが得意でなければ、やめたほうがよい。まずは借地で農業を始めてお百姓さんとして認めてもらうことが先決なのである。

お百姓さんとして認めてもらえれば、土地は格安で買える。面積にもよるが、農業用施設も面倒な手続きなしに申請だけで建設できるなど、農業はとてもやりやすい。

その地区で「未来の星」と目されるお百姓さんになれば、最高の土地を紹介してもらえる。

だから胡散臭いと思われている段階で慌てて土地を手当てしないほうがよい。ろくな土地が回ってこない。

もっとも土地をどう活用するかはアイデア次第だから、どんな土地でも頭で価値を付加できるということも肝に銘じる必要がある。

農家を継ぐ場合

新規就農者と違って、親が農業をしており、それを継承する人は、予算という点では非常に有利である。

土地がある。機械類がある。

おまけに私のように何を作ったらいいか、迷うことはない！

土地があって、農機具があるのは、それだけ新規に農業に就くよりはずいぶん恵まれている。

だが、農家継承者にとって一番の財産は、このような目に見える資産ではなくて、どのように草を刈るか、どうやったら美味しい作物が作れるかといった「技術」や、これまで積み上げてきたデータ、経営の方法といった、広い意味でのインフラである。

逆に農業をいま楽しんでいる人は、きちんと後継者に自分の経営が伝わるように、データをストックしておくなど、前もってしておかなければならないことがある。

「農を次世代に託す」というテーマは、3章で扱いたいと思う。

協力者がいれば、農業はもっと楽しくなる！

新規就農にあたって必要なお金（予算）、経営シミュレーションの話をしてきた。ただ、これだけではまだ足りない。

もう一つ大事なものは**「愛」である。**協力してくれる妻、夫がいるかいないかで、農業の成功率は大きく変わる。

農作業を実際に行うと、紐を両側で引っ張るとかビニールフィルムを引っ張るとか、二人で行わないと実に能率が悪いという仕事が多いことがわかる。

例は本当に数限りなくある。

たとえば一人が収穫作業を行い、もう一人が販売を行う。さらには一人が食事を用意してもう一人は作業を継続するでもよい。

一般的に、この種の「物理的農作業能率」というのは、私の直感だが、一人で行う場合の生産性を1とすると、二人で行う場合にはその3倍！　3の生産性がある。

しかし農作業の効率だけの問題ではない。

精神面の生産性が、実際にはより劇的な効果を発揮するのである。

農業は自然との対話である、台風や日照り、大雨や日照不足など、さらには自分の判断ミスによる失敗も含めれば、年間何十何百回となく痛手を受ける。

そのようなとき、一人だとその失意の精神的負担は救いようもなく、5倍にも拡大する。

しかし二人で助け合えば、その精神的痛手も五分の一に減り、回復の希望も5倍に膨らむ。

自然から手ひどいダメージを受けるという苦しみがあるのに、農業を生業とするのはなぜか？

それはもちろん、その苦しみをはるかに上回る喜びと感動があるからである。収穫の喜び、期待通りの生育を実現したとき、経営が軌道に乗り、収益を上げ、いろいろな夢を実現したときの喜びは、何十何百回もの苦しみを乗り越えればこそ、その何百倍にもなって還ってくる。

しかしちょっと待ってほしい、その喜びも一人で達成したときの喜びを1とすると、二人で達成したときには、その5倍の感動を味わうことができる。

二人の喜びが相乗効果を発揮するのである。

この**「物理的に3倍の生産性、精神的に5倍の推進力」**は私の信念である。

二人で協力すれば、成功間違いなし！

したがって、私のところに新規就農希望者が来たときにまず条件にするのは、伴侶が喜んでともに土にまみれられるか？という点である。

綾町では新規就農者住宅なるものを、町が用意している。単身用と世帯者用がそれぞれ複数戸用意されている。

実際に単身で就農する人を今までたくさん見てきたが、私の知る限り、成功した例は知らない。夜逃げした例は複数件知っている。

逆に夫婦二人で就農して、最初から奥様も意欲満々の人で成功しなかった例は、知らない。

奥様が一緒に来たけれども農作業はご主人だけで奥さまは別にお勤めという例は複数件知っている。この場合も奥様の収入で何とか維持していると見受けられる。

綾町ではないが決定的な実例を紹介しよう。

ご夫婦で就農し、お二人とも勉強熱心で、努力家のカップルがいた。周囲の人たちは、みんな希望の星と見なしていた成功組の農家だった。

私も大好きなお百姓さんで、彼らはアイデアを次々に出し、デパートには直に贈答用の作物を出荷し、売上も上がり、ホームページも開いてネットでも情報を発信し、加工用食品も作って頑張っていた。まさに順風満帆だった。

が、何かの拍子にボタンの掛け違いが生じ、奥様だけ里に帰ってしまった。

私は彼に土下座してでも奥様に謝って連れ戻すように助言したが、彼は突っ張った。

そして、彼の農園が維持できたのはその後二年間だけだった。売上が上がっても収穫がうまくいっても喜びは五分の一、だんだん圃場に行く元気すらなえてきて、草や竹が圃場に這い進んできた。

苦痛が5倍に広がり、ついに彼は圃場に足を運ばなくなり、一年後にはとうとう圃場にはまったく姿を見せなくなってしまった。

「すべからく農業は夫婦で専業すべし」と私が訴える理由である。

経営を進化させるデータ管理術

シミュレーションは問題発見に最適!

さて、シミュレーションと予算を携えて、一九九〇年二月半ばから移住し、実際に農作業を始めた。

作業を始めてすぐにわかったことは、そう簡単にはシミュレーション通りにいかないということだ。たぶんほとんどの人間は、すぐにシミュレーション通りにいくなんていう幸運には巡り合わないだろう。

でも大丈夫。

シミュレーションにおいて大事なことは、最初からシミュレーション通りに物事を運ぶということではない。

もちろん理想的なシミュレーションを組み、あらゆる点でそのシミュレーションを現実にできるならば、それがベスト。しかし、そう最初からうまく進められるわけがない。

シミュレーションを作る重要性は、シミュレーションの**モデルと現実との違いがどこにあるのかを知ることにある。**

どこがうまくいかなかったのか、逆にどこは目標をクリアできたのか、はたまたあまりにも無理のある数値がシミュレーションに含まれていなかったか、それらを検討し、問題を順番に解決して、新たな目標設定を行っていけば、自然にあるべき経営状態にたどりつけるのである。

私はシミュレーション、実践、その実践をシミュレーションにフィードバックさせ、次々と改善を図った。

このようにして、一年目は農業経費を生み出し、二年目には農業経費と生活費をひねり出し、三年目からは所得税を払い始めるだけの利益を出せるようになったのである。

失敗は学ぶチャンス!

どこがシミュレーションのようにうまくいかなかったのかを見ていこう。

初年度の農業経営は農作業というものにやはり不慣れすぎたため、作業手順のまずさや作業のやり直しなどの原因でシミュレーション結果をそのまま実行できなかった。シミュレーションから最も大きく外れたのは作業時間のうちの除草であった。最初にいただいた農協のデータにはこの時間が含まれていなかったのである。

労働時間、労働単価をきちんと数値化して、目標値を決めておかなければ、このような失敗を犯してしまうことになる。

農業経営者でも、はたまたサラリーマンも、自分の労働時間がどれくらいで、労働単価はどれだけか、きちんと把握してますか?

このようなデータを把握している人はあまり多くないように思う。ましてや、それをきちんと「管理」までしている人はほとんどいないのではないでしょうか。

私はずっとデータを取って、それを保存しているので、今年何時間働いたか、去年どれだけお金を稼いだか、一昨年の労働時間単価はどれだけか、すべて瞬時に知ることができる。

数値（会計）で経営の実際を見ないと、いつまで経ってもどこを改善するべきなのかわからない。

だから、**絶対にデータを取らなければならない**のである。

どんな企業だって、経理が必要だがこれは理由がないことではない。たとえば財務諸表というのは、単に企業の外に「私の会社は、これだけ健全な体制でやっていますよー！どうですか？　魅力的だと思いませんかー？」と、アピールするためだけのものではない。財務諸表を分析することによって、成長性、安全性を知り、これからどうするのかという指針、意思決定を行うためのツールとしても必須なのだ。

スモールビジネスをまさに「運営」していく農家も、これからの戦略を立てるうえでデータは必要不可欠であることを知っておいてもらいたい。

経営の改善

就農三年、食べられるようになったとはいえ、目指した悠々自適、人間らしい生活とはほど遠い。

そこで、これもむかし取った杵づか、経営戦略を策定した。

基本的には夫婦二人でする小さな経営である。

作物の選択も含め合理的で、労働生産性も高く、収益性も高い悠々自適を達成しなければついてくる者がいない。

私の作った農業経営戦略は、おおまかにいうと次の五つの方針から成り立っている。

①小規模経営

②数値に基づく管理

③展望と予測を持つ
④個人専業
⑤顧客の満足が資産

この5つの戦略を具体的な行動指針へと変換していく。

たとえば、①小規模経営では「自分で売る」「低効率分野の削除」という具体的行動の二つが、労働生産性と収益性を向上させるカギである。

従来型農業では自分がつけた農産物への付加価値のうち農家手取りは約二五%で、大半の七五%を流通と小売りが得ているのだから、直販はできるだけしたほうがいい。収益が驚くほど異なるのがわかるはずだ。

これは就農当初、私も痛い目にあった経験がある。

就農初年度、私はぶどうの売上が一七〇万円だった。

直接経費の一三〇万円を引くと手元には四〇万円しか残らない計算になる。

だが、就農前コンピューターシミュレーションでは、ぶどうの売上を四〇八万円計上していた。減価償却費を含めて経費は一五三万円の予定で、ぶどうによる所得は二五五万円はあるはずだった。

そのギャップの最大の要因は、農協（ＪＡ）を通しての販売価格の予測間違いであった。農協の資料では、ぶどうの農家手取りは一キログラムあたり約八五〇円を想定していた。対策として自分で売る以外には生き残る道はなさそうだった。

そこで翌年の一月一日に**直売のプログラム**をスタートする決心をした。まず取り組んだのがその準備作業である。左の図は一九九一年一月元旦に作成した四〇項目のアクションプログラムである。

ない知恵を絞ってとりあえず考えた四〇項目の準備を指定の日時までに行って、その年七月一〇日に農園を開園した。

図で番号に印のある一〇件は妻の担当、残り三〇件は私の担当とし、農作業の合間に準備した。問題はたくさんあったが、とにかく八月三一日に最後の一房が売れて、五〇日で完売した。

図2　1991 年度版アクションプログラム

項目	プログラム名	準備期間	項目	プログラム名	準備期間
1	ロゴマークの決定	5月1日	21	開園日決定基準	6月5日
2	入口看板	7月1日	22	農協観光案との整合	6月16日
3	記帳台製作	7月1日	23	直売所設計案内	6月28日
4	来訪者名簿設置	7月1日	24	ぶどう狩り案内板1	6月29日
5	ぶどう園認識看板	5月31日	25	ぶどう狩り案内板2	6月29日
6	名刺しおり印刷発注	6月15日	26	ぶどう持ち帰り袋購入	6月25日
7	ぶどう狩り案内ビラ設計製作	6月20日	27	宮崎タウン情報誌調査	至急
8	亜耶駅調査	6月21日	28	ラジオ宣伝調査	6月25日
9	つりばし調査	6月21日	29	ぶどう狩り手提げ篭購入	6月28日
10	ビラ入れ役場と交渉	6月21日	30	ワイワイパーティー篭購入	6月28日
11	つりばし売店調査交渉	6月21日	31	総合資材調達	7月9日
12	商工会売店設置	6月21日	32	価格基準作り	6月20日
13	商工会入会調査＆入会	6月25日	33	販売物標準作り	6月20日
14	酒泉の社販売案内交渉	6月21日	34	綾城販売調査交渉	6月21日
15	本物センター販売調査	6月30日	35	パソコン通信宣伝	7月10日
16	ぶどう直売旗4本	6月28日	36	宅配便調査契約	7月8日
17	ぶどう狩り旗10本	6月28日	37	電話対応標準	7月4日
18	ぶどう園案内誘導看板	7月1日	38	カラーチャート入手設定	7月1日
19	直販狩メニュー表示板	6月28日	39	有機農業ポスト設置	7月9日
20	狩り方法＆べからず板	6月28日	40	作業標準(SOP)を作成する	6月25日

収益を上げるためには、直売が最も有効な方法である。もちろん直売にあたっては宣伝、品質、顧客管理など多面的な戦略が必要になる。最初に作ったこの直売アクションプログラムの場合、まず「直売をやっている」とわかるように看板・旗などの制作が中心におかれている。また直売を始めるための調査と交渉も非常に重要である。必要となる備品の購入についてもすべてここに書き出すことにした。細かすぎる、と思われるかもしれないが、すべて書いておいたほうが確実に、そして容易にプログラムを管理することができる。

引き続き、翌年の一月元旦にはさらに二七項目のアクションプログラムを作成して準備し、開園した。ぶどうの量が栽培技術の向上で増えたにもかかわらず、完売までに要する期間が短縮された。

左上図はそのアクションプログラムである。

一九九三年の元旦にはさらに引き続いて三五項目のアクションプログラムを作成して取り組んだ（図4参照）。

三年間に全部で一〇〇項目以上の緻密な準備の結果、お客様から次第に認知された。特別行動計画という形態で取り組むアクションプログラムはこの年で終了し、以降は通常の業務のなかで改善改革を進めるという植木等ばりの「気楽な稼業」にゆるめた。

毎年完売までの販売期間は短縮し、ついには一五日で完売するまでになった。ぶどうが足りない！

そこで圃場番号2のキンカン園をつぶして、第二ぶどう園を建設した。このようにして販売ルートを自分で作り出し、収益性の高い経営に近づくことができた。

図3　1992 年度版アクションプログラム

課題を発見し、戦略を増やしていく

項目	プログラム名	準備期間	項目	プログラム名	準備期間
1	ハウスに電力導入申し込み	6月1日	15	酸度モニター	6月20日
2	ハウスに電話導入申し込み	7月1日	16	2キロ箱デザイン	5月1日
3	留守番&コードレス電話購入	7月1日	17	2キロ箱注文	6月1日
4	2M アンテナ購入設置	7月2日	18	2キロ箱発泡ネット調査入手	6月1日
5	郵便振替契約	5月5日	19	新直売所設計	6月1日
6	郵便振替用ゴム印制作	7月1日	20	新直売所車庫シート注文	6月10日
7	ぶどう狩り案内ビラ設計製作	7月1日	21	新直売所設置	7月1日
8	暑中見舞&狩り案内設置	7月9日	22	新狩り直売旗設計	6月1日
9	葉書印刷	7月10日	23	新狩り直売旗制作	7月1日
10	留守番電話 S/I	7月5日	24	箱など資材在庫調査	6月1日
11	有機農業シール及びシオリ入手	7月1日	25	価格表原案作り	6月20日
12	タウン宮崎に広告	6月中旬	26	価格看板作り	7月10日
13	テレビ宣伝	7月1日	27	新作業標準作り	7月5日
14	糖度モニター	6月20日			

1991 年の直売にあたって必要最低限なものは揃えたものの、もっと快適にしたいと思い、基本的な資材を取り入れることにした。電話導入、郵便振替契約など、なかなか立派（?）になっていく。項目8の暑中見舞は、前年にご来訪いただいたお客様に宛てて送り、暑中見舞と同時にぶどう狩りの案内をさせていただく。

図4　1993年度版アクションプログラム

項目	プログラム名	準備期間
1	物置後ろ大看板制作	5月1日
2	道路脇中看板制作	7月1日
3	園前看板制作	7月1日
4	ぶどう狩り旗制作	7月1日
5	直売旗制作	5月31日
6	とうもろこし狩旗制作	6月15日
7	2キロ箱追加発注	6月20日
8	クッション見積もり発注	6月21日
9	栽培歴提出シール入手	6月21日
10	暑中見舞&狩案内設計	6月21日
11	同上印刷発送	6月21日
12	ビラ印刷	6月21日
13	折り込み広告交渉&発注	6月25日
14	作業標準見直し	6月21日
15	とうもろこし狩標準追加	6月30日
16	宮日週末案内	6月28日
17	タウン宮崎広告	6月28日
18	糖度酸モニター	7月1日
19	直売所設計建設	6月25日
20	旧直売所解体	5月30日
21	観光資材在庫確認	7月5日
22	同上発注	7月15日
23	ぶどう品種名シール設計発注	6月1日
24	4キロ箱設計発注	4月25日
25	アルバイト交渉	7月25日
26	顧客簿に栽培データ掲載	7月20日
27	葉色モニター窒素最適化	4月30日
28	カラーチャート着色モニター	6月20日
29	発送運賃改定表製作	7月20日
30	ぶどう出荷荷姿決定	6月20日
31	広告インパクト調査	7月25日
32	ぶどう品種解説作成	6月30日
33	電話応対マニュアル作り	7月5日
34	販売物標準93製作	7月10日
35	クッション別原価分布	5月15日

さらにプログラムを35項目作成。3年間のアクションプログラムの総数は100項目を超える。緻密に準備した結果、お客様に認知され、特別行動計画はこの年で終わりにした。あとは通常業務のなかで改善を進めていけばよいと判断した。結果的にどんどん売上は伸び、「ぶどうが足りない！」という嬉しい悲鳴をあげながら、新しいぶどう園を建設することになった。

自分の販売ルートがあるのとないのとでは、収益に非常に大きな違いが出てくるし、取れる戦略も激増する。何よりお客様と顔を合わせてのコミュニケーションは楽しい！

収益性と同様に重要なのは、生産性だ。

①労働時間を減らしたい。
②収益は減らさない。

ふつうに考えれば両立しがたい、この二つの条件を満たすためには、生産性を上げればよいことがわかる。生産性を伸ばし、収益性を伸ばすという意味で、小規模経営は必要なのだ。

「大きな経営」は生産性が高い場合もあるが、収益性はそれほど高くなく、身動きができないぶんだけリスクも高い。小規模経営が、ゆっくり、楽しんで、しかも**収益を確実に得ることができる**方法なのである。

ちなみに一九九二年に作成した五項目からなる44ページに掲げた農業経営戦略は二〇〇八年までまったく変更する必要なく完全に機能した。

寿命一六年の戦略ということは、この戦略が現在の農業界で極めて適用性が高いことを証明したことになる。

労働時間管理

一九九〇年就農したその日から労働時間管理を開始した。さもなければ最初のシミュレーションが正しく再現されたか否かわからず、意味がなくなってしまう。

図5は年間総労働時間の推移を示している。経営戦略を策定し五年計画で取り組んだ結果、ほぼ目標年に達成しているのがわかる。

この間作物の変更、規模拡大などなどの変化をも含め、**生産性を3倍以上に上げつつ**達成している。

図6は、その労働時間の内訳を月別に示した。

実質的に四月から八月の五ヶ月しか働いていないことが図から読み取れる。

羨ましいと思いませんか？　働きっぱなしだった頃から考えると、嘘みたいに余裕のあ

図5　**労働時間をピーク時の半分に！**

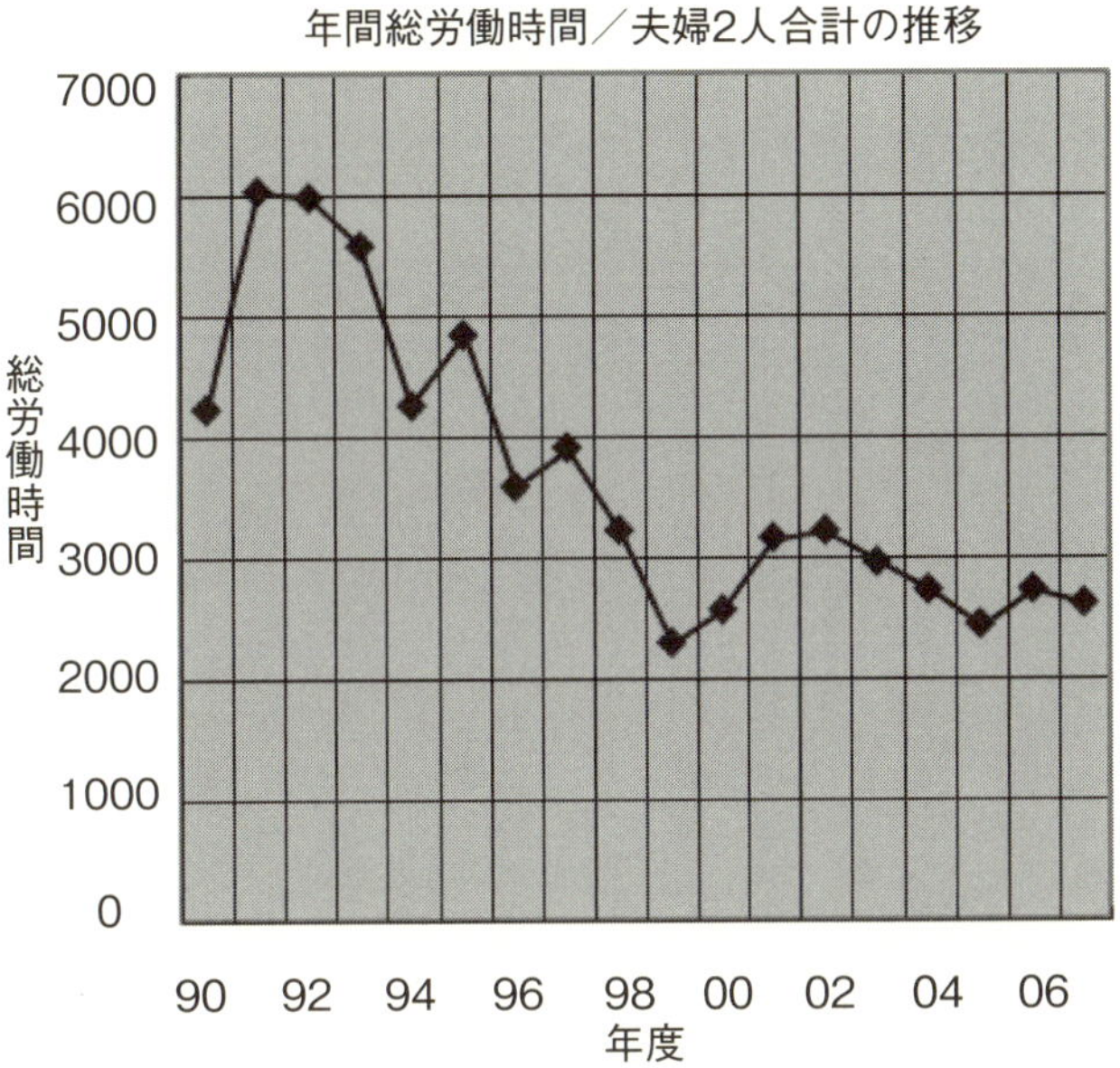

ほぼ毎年、順調に労働時間を減らしているのがグラフから見てとれる。ここまで書いてきたように、生産性を上げ、収益を高めれば、労働時間を削減しても収入が減ることはない。それ以外に重要なことは、労働時間の短縮につながるような資材に投資することである。投資に回せるぶんのお金を、最も労働時間を削減してくれる資材に投資するのである。これを繰り返していくうちに、効率はどんどん高まり、さらに新しい資材によって高効率な経営を達成できるようになる。

図6 **春から夏までが忙しく、秋と冬はのんびり過ごせる**

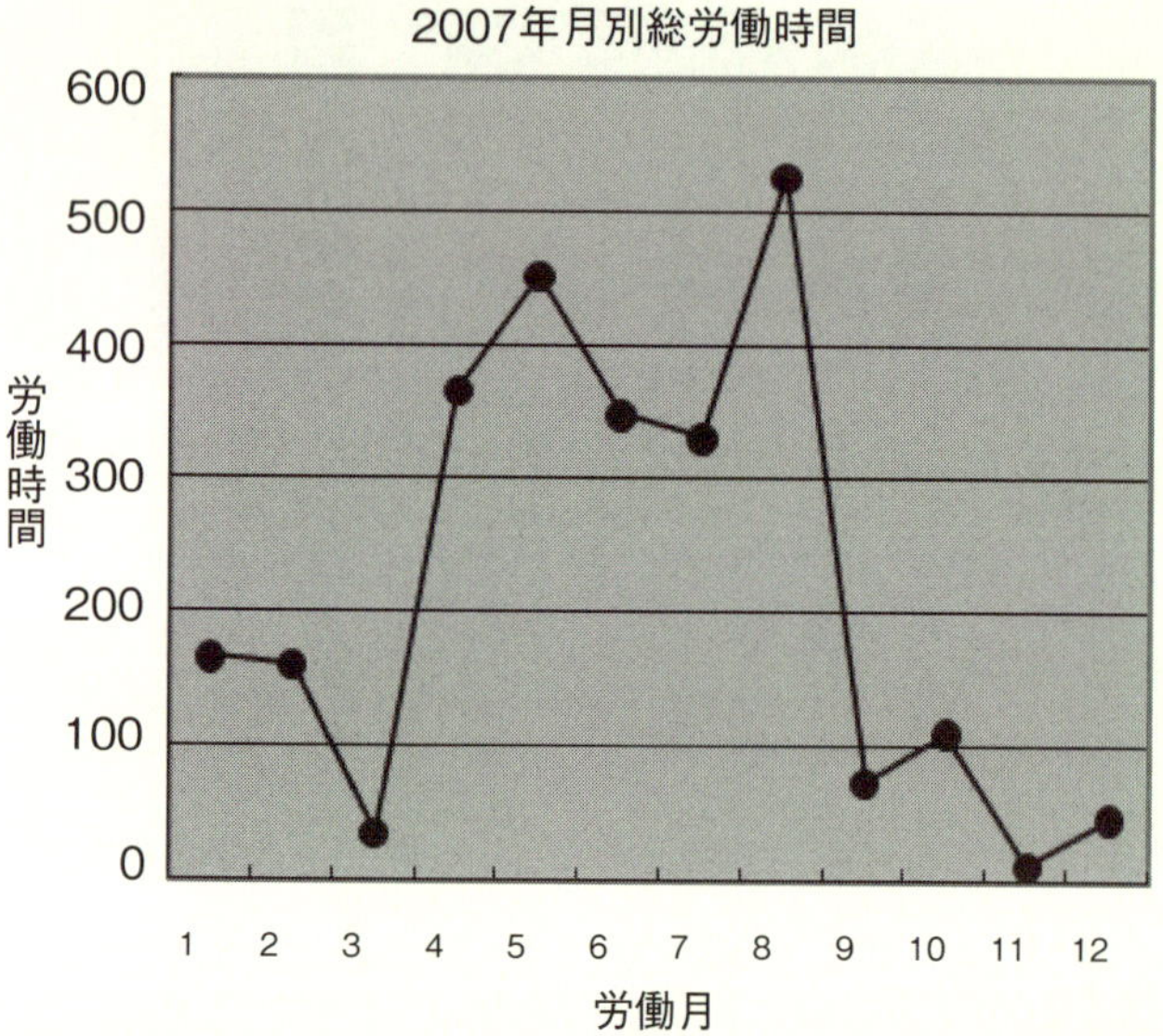

農業は季節によって、忙しさがずいぶんと異なる。冬のあいだは「農作業」という意味ではほとんど仕事がない。こういうときに来年の観光農園で使えそうなアイデアを考えたり、顧客名簿の整理をしたりして、準備を整える。もちろん読書や旅行などを楽しんでもいい。

る快適な生活になったなー、としみじみと思う。

この休息の時間に、創造的で楽しい農業経営を組み立て、地球温暖化を抑制したライフスタイルを実践している。

余裕のある農業は楽しい

時間はたっぷりあり、田舎で農業をする生活というのは、一番精神的苦痛の少ない環境であるし、仕事である。

サラリーマン時代、人間と人間の精神的葛藤の泥沼の中でそれに耐えることが給与の評価の大半を占めていた身では、その違いがよくわかる。

もちろん田舎も人間社会であるし、村社会は一種共産的要素も残存しているからメンタルストレスは皆無ではない。

しかし戦うべき相手は、ほとんどが土や水や自然条件である。

だから、たとえ裏切られて失敗したとしても、それは自分自身の判断ミスであって、誰かに騙されたり、中傷されたりしたときのようなストレスはない。

肉体的にも、たとえばトラクターをはじめとする機械化で、むかしに比べると同様に負担（ストレス）が減っているので、現在の農村生活は最もストレスの少ない生き方だと思える。

農業を「きつい、きたない」ものだと恐れている方もいるかもしれないが、いまはそんなことはまったくない。機械で農作業を行えば、だいたいの仕事はスムーズに進められる。

精神的にも、肉体的にも「優しい仕事」が農業なのである。

本当にありがたいことだ。

農業を「ビジネス」に作りあげろ

経営を小さくするための「3・2・3ガイドライン」

44ページの「戦略」の筆頭に掲げたように、理想的な農業は「スモールビジネス」、小さな経営である。これが労働収益性を上げるための、第一のテクニックだと考えてもらいたい。

極端にいえば、**小さければ小さいほどいい。**それくらいに考えてもらったほうがいいだろう。

この小規模経営は農水省とはまったく逆の発想だが、経営は小さければ小さいほど、問題が発生したときに、内容改善・方向転換しやすいため、安全なのである。「自分に合った経営」という柔軟な対応をするためにも、小さな経営は農業に適合的だ。

私の場合は、きちんと小規模経営を実践するために**「3・2・3ガイドライン」**を決めた。

●最初の「3」は労働生産性を示し、一時間働いたら三〇〇〇円入ってこなければならないという、生産性の指数である目標。
●次の「2」は収益性を表し、入ってきたお金が出ていかないように二〇〇〇円は手元に残るようにしたいという目標。
●最後の「3」は年間総労働時間であり、一年間の総労働時間を夫婦二人で三〇〇〇時間以内という目標。夏場の農繁期は一日一〇時間以上働くとして、通年で週休四日相当の労働時間を目標とした。

目標を定めることが重要

ここでも、まず目標を決めることが重要だ。

そうすれば、目標達成のためにするべきこと、するべきでないこと、作業方法が自動的に決まる。

現時点で目標を達成できないのであれば、栽培作物の変更など必然的に改善点がはっきりする。

そして目標を作ることで、実現するための努力を行うようになるのである。

そもそも、農作業というのは際限なく続く。いくら仕事をしても仕事がなくなることはないのである。だからずっと労働しなければならないとは考えない。だからこそ、どこかで区切りをつけ、仕事をしない状態を作り出さなければならないのである。そうしなければ、永遠にゆとりなんて生まれない。

働くことが好きな人は延々と働いていればいいかもしれないが、そう言っているうちは永久に労働生産性、効率性は上がらず、無駄を省くことはできない。思い切って、仕事を切り上げることも重要なのである。

「趣味の農業」と「ビジネスとしての農業」を切り分ける

収益を上げる仕組みを理解するためには、自分がどの作物でどれだけの利益を上げ、どれだけ労働時間を費やしているのかを確認し、分析する必要がある。

私は**毎日三〇秒間で日記をつけるなかで、作物ごとの労働時間を管理・明確にするように努めた。**また、一〇年に一度、作物ごとの時間単価・時間収益がいくらになったかを確認し、時間単価の悪い作物は栽培しないように心がけた。

趣味の農業と、ビジネスとしての農業はまったく違う！　これが大前提である。趣味の延長のように、もしくはビジネスの自覚なしに与えられた課題をこなすなど、もってのほかだ。ここを混同してはならない。

「趣味の農業」では、好きなものを何も考えずに栽培して楽しめばいいかもしれないが、ビジネスの部分は徹底的に効率化し時間を作り、その作り出した時間で経営改善案を作る必要がある。

余った時間で「趣味の農業」を行えばいいのだから、農業で食べていこうと考える人は、まずは経営の合理化を突きつめなければならないのである。

補助金が自由な発想を妨げる

私も最初は周りのお百姓さんに指導を請い、農協の技術者を頼り、普及所や農業試験場などにも通い、町の有機農業開発センターにも従順だった。

しかし就農三年目の小さな事件をきっかけに、それまでもらえるものはなんでも有効活用していた多種多様な農業補助金を一切もらわない決心をした。それを貫き、補助金「ゼロ」厳守は既に一五年以上になる。

不思議なことに、それを契機に労働生産性は劇的に向上し、無駄がなくなり、経営も順調に改革できるようになっていた。

率直に言ってそれまでの指導や補助金が、自由な発想や改革を阻んでいたと思われる。

経費を半分にするだけで利益は2.5倍!

通常農業経営は経費率が七〇%程度だから、もし農業経費を半分にできれば利益は2.5倍になる。**経費を三分の一にできれば利益は3倍になる。**

栽培面積を倍にして利益を倍にするより、経費を半分にして利益を2.5倍にするほうがはるかに容易である。これまた「小さければ小さいほどいい」という例証だろう。

面積を半分にして労働時間を半分にし、生活を今より五〇%豊かにする選択が可能なの

図7 **ここまで経費は圧縮できる 農薬は95%の削減！**

	設計段階	購入段階	運用段階	経費削減率
ハウスビニール	38%	25%	37%	93%
農薬	38%	6%	55%	95%
肥料	42%	29%	29%	88%
電気	56%	24%	21%	94%
通信				83%
印刷				80%
人の稼働	44%	16%	39%	87%

「設計段階」「購入段階」「運用段階」に分けて、そのそれぞれの段階で経費削減を試みた結果、18年間でここまで経費を圧縮することができた。これだけ経費を削減すれば、販売ルートさえ確保していれば利益は自然に増えていく。

である。わが葡萄園スギヤマの経費圧縮例を図7に示す。

表はいずれも十数項目による削減努力の総合計で、その総削減を一〇〇とし、設計／購入／運用と寄与配分した。

たとえば農薬の設計段階では「有機リン／有機水銀禁止」自己規制のような三五％コストアップも含んでいる。

農薬の購入段階が特に低いのは、たとえば二三グラム買いたいけれども市場には五〇〇グラムの袋しかないので、それを泣く泣く購入する場合で、「適正荷姿なし」で七五％コストアップなどの相殺による。

肥料では堆肥を「土作り」などと称して、

設計外で投入する習慣があったが、設計に加え、自給の麦などの残悍、剪定枝のチッパーによる還元などすべて数値化して組み込み、それでも設計値は窒素など過少投入し、そのうえ運用段階で葉緑素計による最適化をおこない、削減している。

経費圧縮というと、つい購入資材業者を買いたたいて削減すると考えがちだが、実は「設計段階の削減」「購入段階の削減」さらに「運用段階の改革」と、三位一体の改革が必要になる。

高付加価値をつけて利益を激増

経費削減と並んで、利益を上げるための方法として有効なのは価格を上げることである。つまり作物に高付加価値をつけることが、利益を上げるための重要なポイントになる。どれだけ価格を上げることが利益になるか、簡単な例を挙げて説明してみよう。

たとえばある作物を作って、その価格を一〇〇円とする。この価格のうち九〇円は経費だとすると、利益は一〇円になる。

ここで価格を2倍の二〇〇円にしたとしよう。そうすると、利益は一一〇円である。

つまり価格を2倍にすると、なんと**利益は11倍になるのである。**

価格を倍にしたら、利益は倍になるのではなく、11倍になるのである。

どう考えても、価格を一〇〇円に抑えたまま11倍の量を作って売るのと、価格を2倍にして同じだけ売るのとを比較した場合、どちらが簡単で、安全で、現実的かといえば、後者に決まっている。

だいたい物量作戦で利益を上げる、などという方法を採用して、11倍の量を作っていたら、いくら時間があっても足りない。

それより規模を小さくして、価格を上げると飛躍的な効果が得られるのだから、これを採用しない手はない。

このように**利益が出る仕組み**を、しっかりと理解することが、スモールビジネスを運営していく基本である。

それに、どのようにして10倍の面積で栽培し、どれだけ必死に働くかを考えるのは苦しみが多いが、どのような工夫で追加の付加価値をつけて倍の値段で売れるようにするか考えるのは楽しいばかりだ。

試行錯誤を繰り返すこと

就農一年目の頃のこと。

借りた家の周囲には菜園があり、ほかに柿、日向夏《ひゅうがなつ》蜜柑《みかん》、びわ、ざくろなど、たくさんの果樹があったので、年間を通して自然の恵みを楽しむことができた。

家の周辺とぶどう園の前にはお茶が植えてあったので、八十八夜にはお茶摘みをして、妻と二人ではじめての釜煎り茶作りにも挑戦した。

やってみると一斗五升ぐらい、飲みきれないほどのお茶ができた。

鶏小屋もつくり、一羽もらったちゃぼの雌に卵を抱かせては孵化させるという方法で、羽数を増やした。

翌年には卵は自家消費しきれないほどになり、販売もしたが、増えすぎた雄を自給タンパク源としてつぶしたとき、「家の可愛いペットを殺して食べる野蛮な人」という家族の冷たい視線を浴びるに及んで、この自給的養鶏は経営的には挫折の道を歩むことになった。

とにかくはじめの年は、田舎暮らしに託した叶えられる夢は何でも試した。何をすればいいかだけではなく、「何ができるか」もわかっていない状態なのだから、やりたいことがあればすぐにチャレンジして試してみる必要がある。試行錯誤を繰り返して、課題を見つけ、実際に改善していく。私はずっとこのように自分の農作業を進化させてきた。

販売についても、町営の「手作り本物センター」(道の駅)、Aコープの水曜朝市、農協の直売センター、農協経由の市場、道路端の無人販売から直売まで、何でも活用してアスパラガス一束から里芋一袋まで売った。

進歩と効率化に限界はない

小さくても「自分が管理する土地」を持つことの重要性

農業者大学校という、卒業後に即就農する人たちのための学校がある。さまざまな学生がいるが、親が農業をやっている学生の占める割合はけっこう大きい。私はそこで何度か講演させていただいたことがあるのだが、そこで伝えたいことは、「まずは自分でやってみる！」ということの大切さだ。

親がやっている方法に疑問を持ったのならば、まず自分で挑戦してみるのが一番だ。

幸い、道具もあるし、土地もある。

農地の一画を使わせてもらい、その土地で、自分が作るものを決め、自分なりの方法で管理して、収益を上げることにチャレンジしてみる。栽培だけでなく、販売まで自分で行うのだ。

自分だけで管理し、経営しなければならなくなると、どんな小規模の土地であろうが、すべての過程を身につけなければならない。

これはすごく勉強になる!

親と一緒に広大な農地で、作物を育てても、自分がタッチできない部分、タッチしない部分がどうしても出てきてしまう。そうすると、わからない部分はずっとわからないままだし、こうなるとどうしても甘えが出てきてしまう。

対して、小さな土地だろうが、自分で責任を持って管理する場合は、甘えが生じる隙がない。なんせ失敗したら、ダイレクトに自分に返ってくるのだから。失敗した責任は、自分以外の誰のものでもない。

加えて、作業の一部を変更すると、ほかの工程との相互関連が見えてくるので、栽培全体をシステムとしてとらえる習慣が身につく。

こう書くと、つらいように思えるかもしれないが、まったく逆。自分で工夫して、試行錯誤して、栽培して、作物を育て、それを売って、お金を稼ぐ。

こんなに楽しいことはない。

また、それに成功したら、親も文句は言えない。

文句を言わせないためにも、自分できっちり結果を出すのが先決。

私も就農して何年か経った後に、ようやく結果を出すことができたのだが、それではじめて周囲の人から認められた。

研修・研究会にはなるべく参加する

さて、このように経営を改善させ、軌道に乗ってくると、もっともっと経営の効率を良くし、工夫したくなってくる。

だが、自分だけで考えていても行き詰まってくる。

そこでおすすめしたいのは、研修会や勉強会に積極的に参加することだ。

不思議なもので、どこの業界でも優秀な人たちというのはバラバラに点在しているのではなく、**優秀な人たちの周りには優秀な人たちが集まって「まとまり」を形成している。**

そういう大きな「まとまり」は、きっと日本中にあるはずだ。

また、そういう「まとまり」によって、そこに参加している人たちは知恵を出し合い、相談し、協力し合うことによって、参加者はより成功することができる。

このような集合知の力は侮れない。

農業関係の研修・研究会は頻繁に行われているが、これに参加しない手はない。なんなら、自分で手掛けて、そういう勉強会を主宰してもいい。

どうすればいいのか相談しつつ、お酒を飲みながら、知恵を出し合うのは、おもしろい。

たとえば、私は九州ぶどう愛好会という研究会に参加している。

山口に行ったときには巨峰会という団体があった。

そこで講演したときには二〇部持っていった私の本がすぐ売り切れた。

それだけではなく、会議中に買った人たちが必死に読んでいる。要するに勉強熱心だ。そんな身銭を切って参加する団体の会員は意欲に溢れているし、レベルが高い。そんな団体を探して参加するのがいい。非常に刺激になる。

一概には言えないかもしれないが、行政主導の会や農協主催の勉強会は原則タダである。だからはじめから動員されているか、飲み会だったりで、勉強する気がない。そんな会に参加するのは時間の無駄である。

地元の農協主催で講演させてもらったときには、参考までに一〇部本を持っていったが、一部も売れなかった。本を読む気のある若者は誰も参加していないということだ。主催者も一部も売れなければ恥ずかしいという意識すらない。

勉強会では前もって準備しておく

会に参加するときには、参加者の構成が予めわかっている。

自分の知りたいこと、質問項目を最低一〇項目ぐらい用意しておくのがいい。そうすればその会で遭った先輩に、いや後輩でもよい、その質問をぶつけて聞きまくる。そうすれば、必ず会の参加費は利息がついて還ってくる。

そのような会に依存しないでも、自分でこれぞという人を訪ねて勉強することができる。これは最も目的に合っている。

相手が多忙であることに配慮して、あらかじめ知りたいことの質問状を渡しておいてもよい。

こういう場合は、相手の貴重な時間を盗むのだから、必ず手土産を用意すること！　質問に答えてもらえることへの感謝の気持ちを表すことは、次回を受け入れてもらうためには不可欠のマナーである。

私は「コムシャック」と名付けた交流施設を家に作った。ここにこれぞという友人を集めて芋煮会を行う。

ここではどんなテーマでも自由にとことん話し合える。どの販売ルートに乗せるか？　運送業者はどこが安くて品質が良いか？　市場から指値で注文をもらうためにはどのような活動が必要かなど、どんなテーマでもよい。

農業経営を何歳で仕舞うか？

いまから就農しようとしている人には早い話かもしれないが、私は就農するときに農業では自分の定年を何歳に設定するかを考えた。

サラリーマン時代には私はたまたま定年が長い企業に在籍したので、定年は六五歳だった。しかし激務だったので定年まで生き残れる可能性は五〇％ないと想定していた。

一方、悠々自適の農業ではもちろんもっと長く生きられる。が、農業では施設や土地や樹木、それに環境の管理などなど義務と責任が伴うので、一応の定年を七五歳と決めた。

一九九〇年に五〇歳で就農して現在まで経営の一つのモデルを作り上げてきたが、七五歳に向けて残り五年になったのを機に、過渡農業経営モデルを作成する必要を感じて、一六年間お世話になった経営戦略バージョン1を経営戦略バージョン2の移行モデルにすることを決めた。

詳細は後の章に譲るが、主な変更点は「3・2・3ガイドライン」を**「4・3・2ガイドライン」**へと、より小規模化を推し進めることである。

そのために、二〇〇八年秋には手塩にかけて育ててきた第二ぶどう園のハウスと樹木を全撤去して、年間まず一〇〇〇時間の労働時間削減を図る。

次ページの写真は第二ぶどう園撤去前後の写真である。

上が撤去前のビニールが被覆されている時期、下が現在の状況である。いずれも向こう側に第一ぶどう園が見える。

二〇〇八年一二月には排水施設工事、散水施設工事、新果樹園設置のための割り付けなどなどを行い、新しい低労働負荷型果樹園の基礎作りを終えた。

図8（次ページ写真上）第二ぶどう園撤去前の写真。
図9（次ページ写真下）第二ぶどう園を完全に解体した。これによってますます小規模化を進めることができる。

2

農を実践する！

1章では、私の農業経営の基本的な考え方と、これから新規就農する方へ向けたアドバイスを中心に書いてきた。ここでは1章で見たスギヤマ式農業経営のポイントである「最適化農業」を、では実際にどのような場面で、どのように私が実践しているかを紹介していきたい。

私がぶどう農家であることから、主にぶどうを中心的な例として挙げているが、それ以外を栽培する場合でも、十分に参考になるものばかりだと思う。

「仮定論理」で知識不足を補う

さて、私は果樹農家である。

いちじくのような無花果を別にすれば、すべての果樹は花が咲いて実が成る。

したがって、農家として生計を維持するには、何を差し置いてもまず花が咲いて実を付けてもらわなければならない。その最適化の一例を考えてみよう。

その前に、私の思考のベースというか、考えをどのように進めていくのかをちょっと書いておきたい。

私は高校時代、科学部を主宰していたのと同時に、宗教部に所属していた。

宗教部というのは、主にディベートを学ぶ部で、メンバーは二、三人。

そこで学んだことはただひとつ、わからないことがあればそこで思考停止にしないで、とりあえず最も矛盾がない考えを仮定して議論を進めるということである。

以降の思索は一ヶ月後でも一年後でも、その仮定から考えを進め、その仮定に忠実であるよう努める。

そのように考えを進めていくうちに、もしその仮定と矛盾する事実に直面したら、その時点で過去の議論の展開や思索と折り合いがつく新たな「仮定論理」を設定する。

以降五〇年間、その手法で考え、議論し、生きてきた。

農業における**知識不足はそのような思考の進め方によって補っている。**

開花・実留り編

花を咲かせるタイミングの最適化

さて、ぶどうの場合、花が咲く、咲かせるという技術自体にはあまり難しいところはない。もちろん基本的技術は理解しており、作物を知っているとの前提はある。

だが、ともかく初心者でも花は咲かせることができる。

できるならば、周りの競争相手よりも少し早く咲かせられると経営的には好都合である。競合他者よりも早く出荷できれば市場を自分のスタイルでリードできる。

この「いつ花が咲くか」というタイミングは、ある閾値《しきいち》（threshold）以上の積算温度で決まるといわれているが、私はその説を不十分だと考えている。

それもひとつの要素という程度であろう。ただ、要素のひとつである以上、積算温度をきちんと稼いでおく必要がある。

私の場合、化石燃料を使って加温しないと決めている。そうなると、太陽をいかに積算温度アップに活かすかが「出荷時期最適化」のポイントになる。積算温度アップのために加温機を用いることはしないが、作物の毎年のサイクルを乱さない範囲でなるべく早くハウスにビニール被覆をし、太陽熱で室内と地温の上昇に努める。

さらに設定最高温度を可能な限り高くして、積算温度を稼ぐ。

一例としてぶどうの場合、発芽前は最高四四度に、つぼみが膨らむ脱胞は四〇度で、発芽すると三六度、開花時期は三〇度などなど植物の許す範囲で自然の恵みをがめつく利用する。

花、房の計画管理

次の最適化は、花の数を次第に減らしてゆき、袋掛けする房にいたる数の計画管理である。

多すぎる花を残せば仕事量が過大になり、少なすぎれば最終の品質が悪くなる。

大まかに数を追うと、我が家の第一ぶどう園約一〇〇〇坪の場合で花は一〇万ぐらい付く。うち六万を切り落とし、約四万の花に開花のチャンスを与え、花房の整形作業をする。花房は約二〇〇個のつぼみの集合体なので、八〇個以下に切り詰める。これを四万の花房について行う。開花は樹にとってエネルギーの消費であるから、その浪費を防ぎ、八〇個のつぼみがなるべく同時に開花できるように仕向けるわけである。

花が咲いて実が付き、玉の大きさがパチンコ球ぐらいになったとき、「摘粒《てきりゅう》」という作業を行う。

この「摘粒」というのが、販売以外で最も困難かつ労働集約的な作業になる。

「摘粒」とは、開花後、実になった房に対する、目視検査兼加工作業である。

大豆からパチンコ球ぐらいまで肥大した緑色の粒の集合、房を見てその各幼果の内部を「推定」する。

①この房には種が二個以上含まれる実が二〇粒以上あって、かつそれらは適度な間隔を保って集合をなし得るか？

ＹＥＳ！⇩そのまま。

ＮＯ！⇩その房を切り捨てる。

②房に付いている粒数が多すぎて、この房の作業が過負荷と想定されるか？

ＹＥＳ！⇩房を切り捨てる。

ＮＯ！⇩実の内部に種子がない、または一個と推定される粒をすべて切り落とす。たとえばそのような実が三〇粒付いていれば、ハサミを三〇回チョキチョキ操作して、その三〇粒を万有引力のニュートンさんに委ねてしまう。

③残った粒は四〇粒以上あるか？
ＹＥＳ！⇒多すぎる粒をチョキチョキ間引いて、実と実が間隔を保った集合体に整形する。

ＮＯ！⇒そのまま。

④残っている粒の配置に偏りはないか？
ＹＥＳ！⇒残りの粒数が減っても、間引いて適切な分布をした房に整形する。

ＮＯ！⇒この房の作業終了。次の房で、①に戻る。


これを四万の房、すべてについて次々と行う。

一〇〇〇坪のぶどう園に、最終的には一万の房は確保したい。それには統計・確率論的手法では四万の房からスタートしなければならない。

当然、お百姓さんはこの集約的労働を回避したいと願う。

その結果、ストレプトマイシンで種子を消滅させ、ジベレリンやフルメットなど植物生理調整ホルモン剤をいくつも使って種なしにしたり、肥大させたり、一時的に枝の成長を止めたりといった操作をすることになる。

そうすれば一万二〇〇〇からスタートして一万にたどり着ける。労働時間は三分の一で済む。

しかし、私は薬物による植物生理の操作を拒否したから、その四万を受け入れなければならない。

それでも各房の粒数が少なすぎず、多すぎないためには植物生理の仕組みと環境管理の関係を解明しなければならない。

ここで先の「仮定論理」が登場する。

A 開花のあと、生理的に落果してしまう粒と残る粒の違いは何か？

⇓受粉できた粒は残り、そうでないものは落果する。

B 残った粒のうち、内部に種子ができる粒と種なし粒はなぜ共存するか？

⇓受粉とは雄しべの花粉が雌しべの乳頭に付くことをいい、受精はその花粉が乳頭から侵入し、内部を旅して着床し、種子の原基を作ることで完成する。

C受精できるものとできない果実の差は、どこで生ずるか？

⇓花粉には寿命があり、乳頭から進入して底部に着床するまでの一ミリ程度の旅に要する時間に、生き残れるか否かで決まる。

D花粉の移動速度を決めている要因は何だろうか？

⇓移動速度は、乳頭内部の湿潤さや温度の関数であろう。人の場合は定体温なので、精子の元気良さや膣壁の生理的環境に依存する。

Eでは、なぜ種子は〇個と一、二、三個、があって一〇個はないか？

⇓花粉が一個着床したとき、化学変化の信号が拡散して乳頭内部で細胞分裂を開始し、花粉が移動できなくなるからであろう。化学変化は伝播速度が遅いので、その間に最大四個ぐらいまでの花粉が同時に着床できる。

……と、このように「仮定論理」は際限がない。

それら一つひとつの「なぜ」が果樹園内部の水・湿度・温度・各養分需給などの管理方

針と結びつく。

ぶどう農家のなかには「花加温」と称して、少なくとも花の時期だけでも昼夜加温して湿度を下げ、温度を上げる者がいることも合理的に説明がつく。

おしなべて化学変化は温度が一〇度上昇するごとに、その速度が倍になる。その結果、短時間で花粉が乳頭から底部に到達できる。

私は「化石燃料を使って加温しない」という自らの縛りがあるので、それはリスク要因となり、統計・確率依存／古典的技術によるぶどう農家ともいえる。

このように「仮定論理」で農業の最適化の方向付けをして成り立たせている。

すでに証明済みの「確定論理」もわずかにあるが、私の知識不足も手伝っていまだ大部分の論理が部分的には曖昧な仕組みを伴っている。

曖昧な部分はそのまま放っておいては不安が残る。

だから、曖昧な部分を補うこの「仮定論理」が必要になるのである。

一つひとつの**「なぜ」に問題を切り分けて、それぞれに相応しい問題の解決**

を図りながら、最適化は進められていくのである。

宅配サービス編

宅配サービスの最適化における四つのポイント

就農二年目に果樹園経営の主軸を「観光農園」に転換した。

ぶどう狩りと地方発送が販売の二本柱になる。

そのほかには道の駅での販売や自分の直売所での販売、ジャム、ジュース、ワインなど加工技術情報の収集や試行・伝達による加工用果物の予約販売や、農協を通しての販売などがある。

年を追っての、桃やトウモロコシなど農産物や製品形態の多様化の最適化、販売形態

(Sales Mix)の最適化も経営の効率向上や安定化には欠かせない要素であるが、最初の二本柱のひとつ「地方発送における運送の最適化」について少し掘り下げてみよう。

最初に答えを挙げてしまえば、輸送の最適化とは**輸送価格：C**(transportation Cost)、**輸送速度：D**(Delivery speed)、**輸送品質：Q**(transportation Quality)、そして**輸送に伴うサービス：S**(Service quality)である。

つまり、CDQSの四項目で輸送の最適化は成り立ち、この四つをまとめて運送におけるサービス・ミックスの最適化を求める。

たとえば輸送価格をどんどん下げてゆけば、輸送品質は下がるし、輸送速度も遅くなるし、サービス品質は期待できなくなる。この四つのポイントすべてを最高水準で成立させることは不可能である。それぞれがまさに背反事象なのだから、当然だ。

だから、それらをすべて受け入れ可能な範囲に保って安定化させるにはどうしたらよいか？　これが課題となる。

生鮮品輸送で重視する点

もちろん最適化のポイントは、輸送する農産物の種類と要求によっても大きく変わる。たとえば米を輸送する場合には、輸送速度の問題や振動などの輸送品質、さらには受取人不在の場合のサービス品質の要求水準はそれほど高くならない。米の輸送の場合は、主に輸送価格を下げることに重心を置くべきだ。

だが、ぶどうや桃という生鮮品で、かつ振動やつぶれで商品価値を失い、受取人が数日不在の場合、その間の保存状態や保存期間が問題となる農産物では、難しい多因子問題の最適化となる。

米よりも、生鮮品のほうが運送するにあたって気をつけなければならないことが格段に多いのだ。必然的に運送業者を選ぶうえで、悩むことも多くなる。私も納得できる運送業者を選ぶまでずいぶん時間がかかったし、苦労を重ねた。

最適な運送会社を選ぶためには、たくさんある運送会社と長年にわたって粘り強く交渉し、人間関係を構築し、信頼関係を確立した上で、個人の農家が大会社の仕組みに口を出して、改革改善を推し進めなければならない。

「もし要求に応えなければ、ほかの会社に乗り換えるよ」という軽い脅しも使いながら、しかし何社にもダブル・トリプル・コミットメントをして信用を失うことも避けなければならない。

そんな環境下で最適点にたどり着くための行動指針が必要となる。

経営ポリシーを決めれば決定しやすい

問題を分かりやすくするために、前提条件のうち、いくつかを経営ポリシーまたは戦略的方針として固めてしまおう。

そうすれば変動因子が与件（前提）に変わってしまうので、複雑な問題を多少なりとも単純化させることができる。

以下が、私が運送会社を使うにあたって決めた経営戦略上の方針である。なるべく、お客様に負担がないように、単純化を図っている。

①運賃で利益は追求しない

われわれの仲間の多くはお客様から、たとえば七二〇円の定価で運賃をいただき、運送会社からは一件につき二二〇円のバックマージンをもらって運賃差額で利益を上げているところが多い。

葡萄園スギヤマでは、原則としてこれをしないと決める。価格メリットはお客様に還元して、顧客の地方発送へのインセンティブに活用する。

②自分がとるべきリスクはお客様に転嫁しない

我が家のお客様は最高の顧客集団なので、我々のアドバイスは九五％以上通る。しかし、それに甘えて通常便で十分なのに、念のため冷蔵で送ったほうが良いですよ！ というような助言はしない。

③輸送コストを製品価格側で吸収しない

製品の価格を高めることによって、輸送コストを見えなくするこのやり方は、①と同じで、強い言い方をすれば、お客様をだましていることになる。

よく「全国送料無料！」というキャッチコピーを見るが、私は嫌いだ。これは結果として業者が内部で利益移転をしてお客様を不当に差別していることになっている。

④価格表はシンプルに作る

たとえば輸送地域が一〇あり、商品サイズ五区分、商品重量が六通りあるとする。さらに通常発送か冷蔵発送かといった分類がある場合、価格は全部で六〇〇通りある。これでは、あまりにも複雑だ。

我が家の価格表は七マス×二で一四通りしかない。間違いが少なく、お互いに安心かつ信頼でき、安さも伝わりやすい。

運送業者決定までの四苦八苦

前提条件はこのぐらいにして、過去二〇年間、運送で右往左往した自分を具体的に振り返ってみよう。

まず観光ぶどう園を開いた年、運送はN社で開始した。

なぜN社での運送を決めたかというと、これは夜討ち朝駆け営業マン努力への答礼である。

なにしろ早朝ぶどう園に上ると、その会社の車中で営業マンが仮眠しながら待っている。

その意気込みが自分の過去と重なったのだ。

しかし、実際運送を開始してみると、その会社は輸送品質が悪いことがわかった。

輸送品質のレベルを具体的に書くと三〇ＰＰＫ（ピーピーケー：一〇〇〇件あたりどれ

だけ事故が起こるかの指標）であった。

営業マンは自分が取ったビジネスだから一生懸命頑張った。毎朝引き受けた荷物がどこに、どの状態であるかを示すラインプリンターで打ち出した分厚い情報を持参して、私からのプレッシャーに耐えた。

N社の問題点はすぐ明らかになった。

集荷は地元の弱小代理店扱い、配達も現地の三流代理店扱い、中間の大型トラックの輸送と、配送センターでの仕分けと管理だけ直営であった。

その上、事故に対する求償はどの工程で発生しても、荷物の引き受け代理店に支払い義務を負わせた。会社のシステム、仕組みが悪すぎるのである。これではどうしようもない。

CDQSのうち、なんとか納得できたのはC：価格だけ。

三年我慢したが、営業マンの退社を契機に切った。

次に付き合ったのはK社。ここは集荷から配達まですべて直営だった。これで事故率は三PPKに激減した。しかし、当時はS：サービス品質に課題があった。

これは引き受け側の営業所長の姿勢と出荷農家と配達先顧客の総合的な問題にもなる。

たとえば、ぶどうを二キロ東京に送るとする。

受け取ったお客様は箱からぶどうを出して袋ごと冷蔵庫に入れ、翌日美味しく食べようとしたとき、二、三粒つぶれて汁が出ていたとする。

そのお客様が注文主の場合、たいていの場合は振込み票の通信欄に「二、三粒」とは書かずに「つぶれて汁が出ていた」と付記することになる。

我が社の（夫婦二人の水飲み百姓が「我が社」とは大げさだが、我々はそういう意識でいる）ＳＯＰでは（Standard Operating Procedure：作業標準）お客様を疑わない、満足させる、とあるからすぐに代品を送る。

そして送料込みの四〇〇〇円をＫ社に求償する。

我が社とＫ社の公式の契約では、事故は配達先顧客が現地営業を呼んで荷物を確認させたうえでクレームを出すとなっている。しかしいままでも、そんなことをしてくださるお客様は皆無だ！　食べたあとで「ボソリ」と言う。これが相場だ。所長はそんな幽霊のような四〇〇〇円は払えないと言う。

それで切った。

以降八年間、所長が代わって日参して来たが、受け入れない。

四〇〇〇円の恨みは怖い。


次に取引したのはY社。

ここはQ：品質が良い。年によっては〇・五～一PPKだ。しかし、少し荷物が届くのがD：遅い。

ワーカー（従業員）の品質が良く、荷物を丁寧に扱ってくれる。しかし仕組みに問題が多すぎる。一言でいえば、仕組みやルールがユーザー・フレンドリーでない。親方日の丸、社内フレンドリーだ。

毎年、仕向け地域ごとのCDQSデータを添えて反省と改善提案をしているが、実際の仕組みに反映されない。

問題を三つだけ挙げてみよう。

①その会社の引き受け価格は、カレンダーをもとに一ヶ月に送り出した荷物の個数で後から決まる

一ヶ月の間に発送する量が多ければ多いほど、発送価格は下がり、有利になる。だが、これは発送期間の融通が利かないことと同じである。

我が社はお客様にやむなく五〇〇個／月の価格をそのまま提示していたが、ぶどうや桃が熟すタイミングは地球が決める。タイミング悪く七月二九日に開園して、月末までの三日で五〇〇個の荷物を受注発送するのは水飲み百姓には無理だ。

なぜ彼らは数に投資するのだろうか。むしろ有望性にこそ投資すべきだ。

②ペーパーワークが多い。

この会社では午前午後の荷物送出直前の戦争状態のときに、荷物添付の後納伝票のほかに送出荷物の一覧表を価格別、サイズや重さ別、発送条件別に作成して添付しなければならない。

居合わせたお客様は「あ！　荷物を取りに来ているわ、ちょうどいい、いますぐ出し

て!」とおっしゃるが、運送業者が要求するペーパーワークを全部反故にしてやり直さなければならない。「はい、おやすい御用です!」の一言の裏には、汗と涙がない交ぜになっている。

③サービス品質

いくら要求しても受取人不在や留め置き情報が返ってこない……

こうした経緯を経て、いまはほぼ満足なサービスの最適化が図れていると思う。

C:価格は周辺のどこよりもシンプルかつ安く、提供できている。
D:速度は朝五時半に収穫した果物を午前中に送り出せば、県内ならその日のうちに配達される。

したがって、県内は観光農園後半の過熟の時期にも冷蔵料金をお客様に負担させない。離島を除き、日本全国二日以内にコントロールできている。

Q：品質も顧客原因を除くと、一PPKを維持している。

S：サービス品質は飛躍的に改善された。

留め置き情報が返ってきたのは、一年で約二五件。

そのうち、配達先を変更して業者のコストで転送したのが約五件、別の受取人に取りに行ってもらったのが五件（夏は休暇などで不在が多い）、普通便を同じく業者のコストで冷蔵に変更してしのいだのが五件、不在の受取人に連絡が取れて処理できたのが約一〇件あった。

葡萄園スギヤマでは、荷物を送出したあともお客様とのコミュニケーションが多い。

そんななかで、たくさんの方々から来年も楽しみにしていますとよく声をかけられる。

そんなとき、右往左往していたときの汗が爽やかに乾いてゆくのを感じる。

この仕事をしていて良かったと思うときである。

もうひとつ、ユニークなエピソードがある。

我々はお客様からお金をいただくとき、額が多いか複雑なときには発送伝票控えのほかに計算メモをお渡しする。ぶどう狩り分が何キロでいくら、二キロ箱が何個でいくら、送料がいくら、クールが何件でいくら、お持ち帰りの自宅用がいくら、というようなものである。

何日かして遠くからわざわざ車で、あなたの計算が間違っていましたと、追加のお金を払いにきた方がいた。多くいただいてしまったのなら知らず、少なかったのは我々のミスですからその必要はありませんと言うと、来年から来づらくなるとお金を置いてゆかれた。たぶんもらいすぎもあると思うが、そんな方は見えられない。

お客様を大切にしなければ！　と、感謝しきりである。

施肥編

就農した当初は、肥料設計と肥料の供給はすべて農協に依存していた。

お互いに、それが当たり前だと認識してしまうと、それは至極快適だ。自分では何も考えなくても良い。


ある年の九月の終わり頃、農協資材課が肥料一式を届けてきた。

農協の営農指導課の技術者が肥料設計して指示したものであった。

すぐ資材課に電話して「肥料を受け取りました。ありがとうございます。ただし、今後は私が直接依頼しないものは届けなくて結構です」とお願いした。

土壌分析もせず、ぶどうの生育過程の観察もせず、できたぶどうの品質確認もなしに、

（杉山のぶどう園面積）×（推薦施肥基準）＝（肥料一式）

と、算出したものであろう。

ただ単純に面積の大きさに応じて、肥料の量を決定するということは、個々の農家の条件をまったく無視している証拠である。

これは「最適化しない農業」の最たるものである。

私はこのことを一概に非難しているわけではない。それを良しとする農家にとっては、これは極めてラクチンな図式である。

実際農協のみならず、資材業者とのコラボレーションでその仕組みに依存している農家をたくさん知っている。このように肥料量を標準化すれば、ある一定程度の効率は果たされる。

だが、これはあくまで標準的な効率であって、「最適化」ではない。

ぶどうを作り始めて何年か経ったとき、同様の施肥効果を、別の肥料の組み合わせでも得られ、コストを下げられるだろうと考えた。そこで、肥料設計ソフトをエクセル上に作った。

その効果はてきめん！　**年を追うごとにコストが下がった。**

が、ぶどうの肥料としてリン酸肥料に溶リンを使うと土壌のｐＨ（ぺーハー：水素イオン濃度のこと）が高くなる。

同じく骨の粉を用いると、空気中の酸素と結びついて石灰となって、これもｐＨアップしてしまう。マグネシウムとしての苦土石灰もｐＨ上昇！　有機依存度を高める厩肥投入もｐＨアップになる。

つまり、圃場は毎年、毎年アルカリ性に移動してしまう。いかに高ｐＨが好きな作物であっても、その値が七を超えると問題だ。

そこで肥料設計ソフトにコストを最適化する機能に加えて、ｐＨを最適化する機能を追加した。

ペーハー・ニュートラル（ぺーハーを変化させない）なノン・ストレス施肥も可能にな

り、必要ならば、高くなりすぎた圃場のｐＨを、肥料の組み合わせの調整によって毎年少しずつ下げられるようにもなった。

肥料設計ソフトを作り、六八種類の肥料を登録し、毎年毎年改良に次ぐ改良を重ねた結果、肥料代は**八八％の経費低減**、八分の一にもなった！

ちなみに、このコスト削減全体を一〇〇とすると、うち四二％は設計段階で、二九％は運用段階で、二九％が購入段階での改善であった。

多面的な取り組みの有効性がわかる（1章62ページを参照）。

さて人の欲望は際限がない。ひとつ壁を乗り越えると次の欲が、それを達成するとさらに新たな希望が芽生える。

ぶどうを栽培している人は、皆経験すると思うが、生育途中でマグネシウム欠乏症やホウ素欠乏症、さらには肥料成分の拮抗作用による生理障害をよく目にする。

そのような状態を見て、それまでの施肥の仕方に問題を感じるようになった。

たとえば「元肥一発施肥」。これは経営的にも、出荷するぶどうの品質の点でも「最適化」に反するのではないかと思い始めた。

「元肥一発」とは一年分の肥料を細かく与えないで、収穫が終わったら年間総需要すべての肥料を一気に投入し、その後十二ヶ月間、良くも悪くも、あとは知らない！というスタイルである。

この方式のメリットは、とにかくお手軽なことである。年一回肥料を投入したら、一年間は養分需給のことは忘れていられる。ラクチンこの上ない。

デメリットは農協お任せの「元肥一発」だったときは、コストが高い、成分ごとの細かな配慮ができない、生育環境からのフィードバックがかからないというものであった。

しかし、農協お任せではない、自前設計の「元肥一発」だって、実は「自然にお任せ」でまったく同じ問題を含んでいることに気がついたのである。

①九月に元肥を投入するとして、わずかに秋に吸収する分があるとしても、そのほとん

どは翌年四月以降の吸収になる。六ヶ月早く投入するから、多くの成分が雨で流亡してしまい、そのほとんどが有効に使われなくなってしまう（なんと、もったいない！）。

②リン酸などは投入した肥料の九五％以上を土壌中のアルミニウム酸化物に食われて、無効になってしまう。私の圃場のリン酸吸収係数（土壌のリン酸を無効化する強さを示す。値が低いほど好ましい）は長年の努力で改良はされたが、まだ二〇〇〇（値が一二〇〇以上は最悪のランク。かなりの部分が無駄になってしまう）に近く、作物の根に届けるには従来手法ではほとんど不可能に近い。

③窒素は多すぎもせず、少なすぎもしない適切な量を与えたいのに、「元肥一発」では常に過剰か不足のどちらかになる。ちょうど良い量を求める手段がない。

これらの問題を解決して、より「最適化施肥」に近づけるため以下四項目の対策を講じた。

Ⅰ　施肥を元肥／春肥／機能施肥に分割し、元肥はいわゆるバックグラウンド施肥の性格を持たせる。そこではＮ（窒素：以下同じ）とＰ（リン：以下同様に表記）は必ず欠乏状態を作り出す設計をし、追肥は機能施肥に委ねる。

「元肥」と呼ぶ施肥は、堆肥や土壌改良剤など流亡する可能性の少ない肥料を中心に年間を通じた栄養環境を用意する肥料のことである。私は果樹農家だから、通常収穫後に次の一年を見越して肥料を投入する。これが「元肥」だ。

「春肥」は元肥として撒くと、その肥料を植物が必要とするまでに、雨などで流れて失われる恐れのある肥料である。植物が吸収する直前、またはハウスにビニール被覆したのちに散布する。

また、ここでいう「機能施肥」というのは私の造語で、たとえばリン酸は土壌中のアルミナと結合して植物に届かない恐れが高いので、元肥で散布する分のほかに、植物が「いま必要」というぎりぎりのタイミングで液体状にして根に直接届ける施肥を指す。またＮは透過光を利用した葉緑素計を用いて葉の色を測定し、それに見合った不足量を補い、過不足なく最適化する形で、これも液状にして根まで届ける。

このような考え方のもとでは、農協や肥料業者が推薦する、混ぜるだけで付加価値を課してくる、価格の高い三種混合のような配合肥料は原則使用しない。

Ⅱ 設計された肥料成分のうち、流亡しやすい肥料品種は春肥として、作物に要求される直前、たとえばビニール掛け後に散布する。

Ⅲ Pは基本的には自分で土壌中を移動しない肥料なので、こちらから根まで機能施肥として届ける。具体的にはPを液肥にして、散水時に注入して散布する。

たとえばぶどうの作物栽培でPをバックグラウンド以上にぐっと効かせたい時期である二回、つまり開花一週間前と収穫はじめの四週間前の着色開始時期に散布する。

したがって、従来から市場流通している液肥は、PとMg（マグネシウム）またはPとNなど、ほかの肥料成分と抱き合わせになっていて、**食味を悪化させる恐れがある**ので使いたくない。

私は食品用八五％濃リン酸を、複数の植物でpHストレステストを経たあと、単独で施肥している。これはあまり例のない施肥手法で、最適化を追求するあまりの勇み足となるかもしれない。

葉緑素計の活用

Ⅳ　Nの最適化施肥は難しい。私はＳＰＡＤ（葉緑素計）による葉色制御施肥を行っている。少し専門的になるがその内容を少し詳しく見よう。

私のぶどう作りは四倍体ぶどうという、ホルモン剤なしでは栽培管理が難しい品種を栽培するものだ。なるべく高い確率で受精させるため、超弱剪定という越冬貯蔵養分が極めて少ない技術に依存している。

その上、花の時期は水を制限して水分ストレスで植物に圧力を加え、元肥設計ではNを不足状態に導く栽培を意図している。

図10 **SPAD（葉緑素計）を使えば開花日の基準が簡単にわかる！**

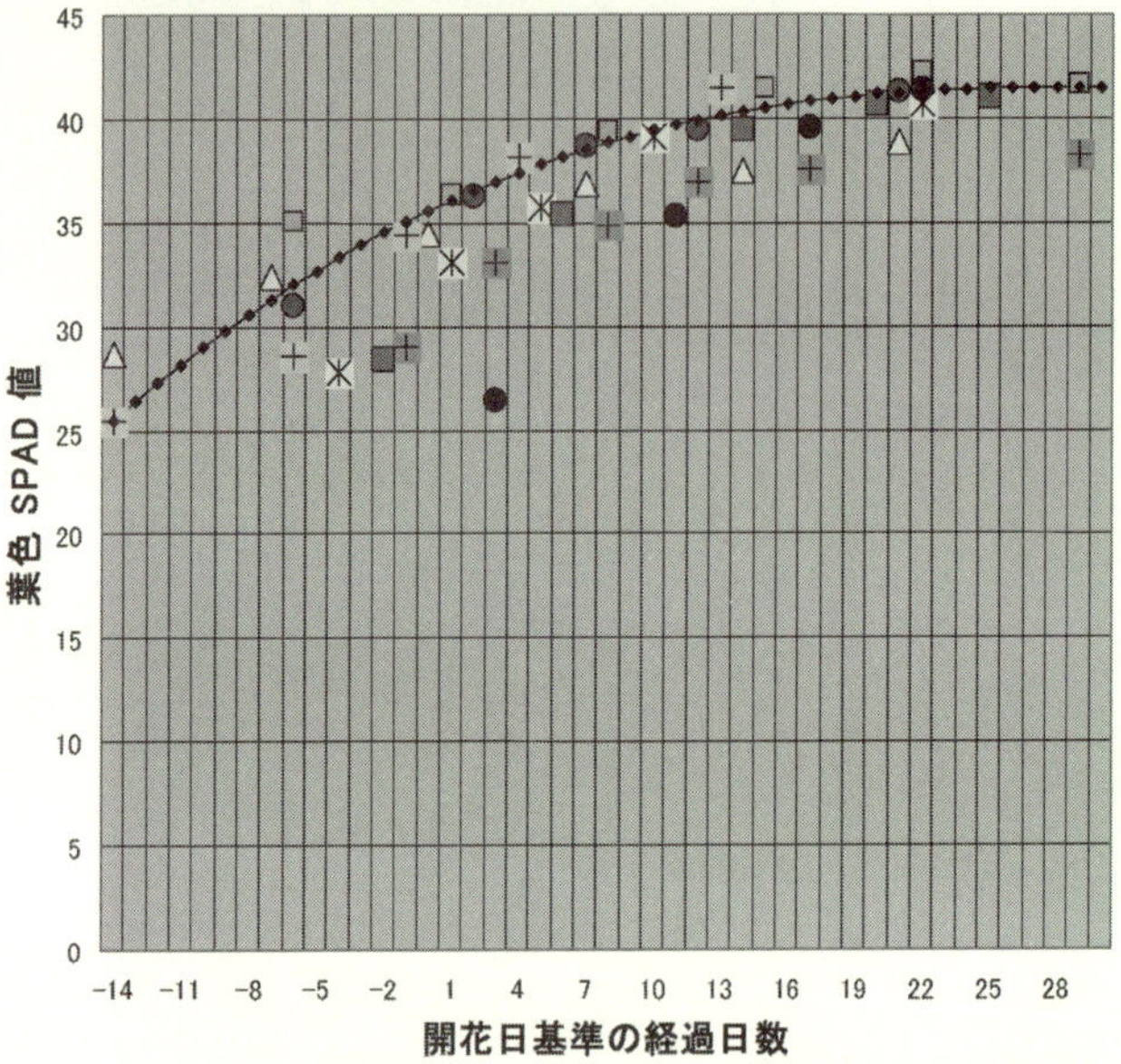

葉色チャートを使って目で見て色を確かめるのは不確かだし、内部の葉緑素量はわからない。SPADを使えば容易に、葉色測定が可能になる。それぞれのマークはそれぞれ具体的なサンプルを表したもの。おおよそ、葉色SPAD値と開花日の関係が見て取れる。ここから一般的な関係を表したのが曲線である。この曲線を基準にして、Nの追肥量を求めることができる。

そのような管理をすれば仮に開花をして受精に成功しても、ぶどうの実は第一肥大期の生育、すなわち細胞分裂過程で失速する恐れがある。

その対策として受精が完成するやいなやタイミングを計ってNの不足分を補ってやる必要がある。その不足分を定量的に求めるのが葉色測定である。

実はこの手法は私のぶどう作りの歴史では一五年ほど前にさかのぼる。

当時は巨峰用の葉色チャートと呼ばれる色見本を用いて葉の色を目視比色で求め、受精が完成したいわゆる実留り時期の葉色を4.3から4.7に近くなるようにNの追肥をするという単純なものであった（この色チャートは1から7までに分類されていた）。

だがその後、判別しづらい葉色チャートをミノルタ製の透過光を用いる葉緑素計＝SPADに置き換えた。

Nの追肥も純粋な硝酸カルシウムを水に溶かして散水と同時に注入するという技術に進化した。

しかし、ある時期から、葉の色は花が咲く前から日一日と変化するのに、葉色を制御する目標の指標が変化しないで固定しているのは合理的ではないと気がついた。

葉色チャートを用いていたときには、測定精度も再現性も低いので葉色の目標は固定基準に甘んじていたが、光学機器で再現性が高い形で測定できるようになった現在では葉色の濃さの基準だけでなく、さらに何月何日の葉色の基準というように時間軸のゼロ点も固定基準では許せなくなった。

その年の天候次第で時間軸が変動するからである。

図10は開花日を時間軸の基準点とした、ぶどう（品種はブラックオリンピア）に関する葉色四年八圃場分の実績データを分散図で示したものだ。

その過去の実績に上書きするように葉緑素量の目標値案を示した。

エクセル表の中でNの追肥量を計算するため、「葉色移動目標基準」とした。

ちなみにこの窒素Nの追肥管理を案内する表は、開花日マイナス二週間目からプラス四週間目の間だけ受け付けるように設定してある。それ以外の時期に追肥をしてはいけないと警告する意味もある。

二〇〇六年からこの新基準を用いてN追肥の管理を試行している。

周りからは「あいつはマニアックだ！　ほとんど病気だ！」と冷笑されているが、農業技術も経営もすべての切り口で「最適化」の歩みを、日々止まるところなく続けている。いつかはつまずいてコケルかもしれないが。そのときは、私が「赤鼻のトナカイ」になりましょう。

発芽編

いつ発芽させるか

果樹や庭木は、ほったらかしでも春になれば芽が出る。

しかし経営の最適化を目指す農家としては、個々の事象も最適化を図らなければならない。

①いつ発芽させるか?

②面積あたりどれだけの数を発芽させるか?

③枝の断面を見て上下左右斜めのどの位置から発芽させるか？　またはさせないか？

以上、いずれの項目も最適化の管理項目である。この課題に触れてみよう。

①いつ発芽させるか？

化石燃料を用いず、太陽光で促進できるなら、原則としては**「早ければ早いほど良い」**が回答になる。

しかし制限要因が三つある。

a　早すぎると、越冬貯蔵養分不足で休眠打破するので、翌年同じスケジュールが再現困難になる。

b　早すぎる昇温は低温暴露不足で発芽の揃いが悪くなって、栽培管理不良になる。

c　早く発芽すると、晩霜によって凍害のリスクが増える。それらを加温機無しに防止できる限度。

以上三要因で最適化が必要になる。

②面積あたりどれだけの数発芽させるか？

ずばり**一〇〜二〇本／m^2。**

多すぎると、労働負荷過多かつ過繁茂により、棚下が暗くなり、ぶどうの生育環境が不健康になる。

少なすぎると葉面積不足で必要な房を育てるに十分な光合成産物が供給できない。

この最適化が要求される。

③枝の断面を見て上下左右斜めのどの位置から発芽させるか？

上や先端の芽を育てると、リコーム効果（後述）によって**先端ばかりが栄養成長して枝葉が茂り、樹を育てすぎて、房を育てない、「薪作り」の農家になってしまう。**これでは「ぶどう作り農家」とはいえない。

また、そのような枝の花はうまく受精させることができず、ばらばらな歯抜けの房を作る可能性が大になる。

できれば枝の下面からの発芽を促して、生殖成長気味（反意語は栄養成長：竹の子のようにどんどん伸びるのを栄養成長、対して子孫を残したいと生殖に重点を置いた成長状態を生殖成長と呼ぶ。枝の形や節の間隔など、葉や枝などの生育状況から見分けられる）の樹勢管理をしたい。

品質と産出量の最適化

英語でぶどう園をＶＩＮＥＹＡＲＤ、ぶどうの木をＧＲＡＰＥＶＩＮＥと呼ぶ。ＶＩＮＥ＝蔓なのである。

人はぶどうをワイン用、レーズン用、生食用、いずれも作物としては、単独に育てているが、本来の素性としては「かずら」、「蔓」性植物だから、ほかの植物に寄生して巻き付き、陽の光を取り合って上へ上へと伸びる性質がＤＮＡに刻み込まれている。

常に蔓の先端の芽が優先的に発芽し、成長するための栄養分を寡占的に消費する。

枝の断面を横から見たとき、上下左右斜めに付く芽があれば、常により上、万有引力と逆の方向の芽が、発芽の順番でも、養分の取り合いでも優先される。

これを「リコーム効果」と呼んでいる。

しかし農業経営者としてはＤＮＡのリコーム効果には、なるべく控えてもらわなければ品質の最適化や産出量の最適化は図れない。

そのために先端以外の発芽してほしい芽に芽傷を入れ、先端が先に発芽してしまったらその芽を切り落とし、突出して先行する枝を作らないような努力を積み重ねている。

葉の付き方とフィボナッチ数列

私が栽培する桃の葉の付き方は五分の一葉序（「ごぶんのいちようじょ」と読む）、ぶどうは二分の一葉序である。

いずれも節の位置には一枚の葉しか付かないで、次の葉が付く位置までに枝の軸をそれ

図11　ぶどうが枝分かれする部分の内部解剖図

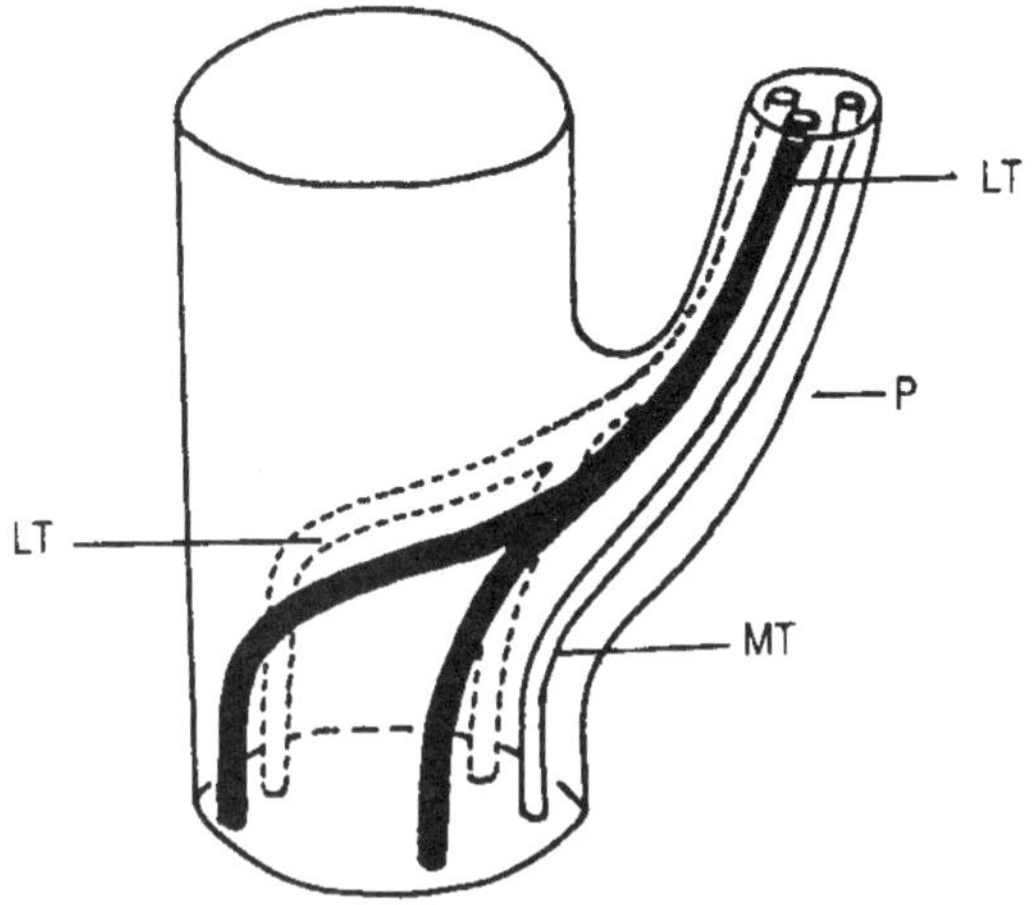

枝から葉への養分分岐の例。枝別れの場合に対しても、この養分分岐は一般化できると信じられる。図でPは葉柄（葉の軸）だが、枝から分岐するときには枝断面の円周すべての部分から養分が供給される。MTは中央導管、2本ずつ束の側面導管LT4本が葉柄内部に導かれる様子が示されている。Mullinsほか、*Biology of the Grapevine*,Cambridge University Press, p50より。

ぞれ五分の一周および二分の一周回る。

この植物の葉の付き方は葉序と呼ばれるフィボナッチ数列のルールに従っている。『博士の愛した数式』という映画や小説（小川洋子著）でお馴染みにもなった。農業も数理の世界とちゃんと結びついているようで楽しい。

ぶどうの場合、二分の一葉序ということは、竹のようにひとつの節には葉が一枚しか出ないでそれが次の節、次の節と交互に付いていているということになる。

すべての葉の内側の根元には来年の芽が育てられるので、新しい年に発芽する枝も二分の一葉序と同じ配列になる。

どの枝も揃いが良くて伸びすぎず、生殖成長気味の花穂（花が稲穂のように房状になるとき、その花を「花穂」という）を持ってもらうために、横向きまたは下向きの芽ばかりを選んで発芽させたら、その枝の担果能力（その枝についている果実を十分成熟させる養分供給能力）は、二分の一葉序のため枝軸断面の下面ばかり利用して、全能力の半分も利用できないことにならないか？

この疑問は、長い間悩んだ。

一〇年ぐらい悩み続け、本で調べ、インターネットで調べたが答えにたどり着かない。とりあえず自己流の「仮定論理」で納得して、作業標準を作ったが不安は消えない。枝の片側だけから養分を取り出すことが軸内の水移動に際し全軸断面を利用できるか否か、正当性が検証できないなどの疑問から、農作業も自信を持ってできない。

千葉大学園芸学部のホームページ内にある質問箱にも問い合わせてみたが、問題はすっきりしないで、時間ばかりがすぎた。

だが、あるとき、ぶどうの生理を解説した本を読んでいて、見つけた！　ぶどうが枝分かれする部分の内部解剖図（Anatomy）が出ていて、それまで悩んでいた問題を一気に解消してくれた。それが121ページの図11である。

この件は、農作業をする上で必須な植物生理の理解に関する「仮定論理」があとから証明された数少ない実例である。

これにより自分の栽培技術に自信を増すと同時に、ぶどう作りの展望を明るいものにする効果があった。

ちなみにここでの最適化は「長梢剪定／超弱剪定／ホルモン剤・抗生物質に依存しない」技術内でのものであって、「短梢剪定／強剪定／植物成長調整ホルモン依存」技術との間では相対的最適化は図っていない。

労働時間と作業の容易性で見れば、後者に約三倍の圧倒的優位性があるからである。ただこれは選択可能なすべての技術間の無差別な最適化ではなく、環境ホルモンや植物成長調整ホルモン剤使用の是非をめぐる個人的ポリシーによって、いくつかの選択を排除した結果である。

米作りであれば、田んぼのあぜに除草剤を撒くか撒かないか、四季を彩るあぜ草を楽しむか、作業効率を取るかで、労働時間に大きな差が出るのと同じかもしれない。

資材管理編

昔のお百姓さんからの申し送りに「上農は草を見ずして草を取る、中農は草を見て草を取る、下農は草を見ても草を取らない」という言葉がある。

これはその当時から最適化農業を目指しなさいと言っていたことになる。雑草が繁ってから除草したら一週間かかる仕事も、見えない程度に生えかかっているときであれば一日ですみますよという助言である。

この申し送りをすべての作業に普遍化して心に刻まないと罰が当たる。農園の資材管理について、この申し送りにそって考えてみよう。

観光農園は楽しい

たくさんのお客様と面と向かって（Face to Face）心の触れ合いを楽しむ季節である。

ほとんどのお客様とは年一回の再会である。

同行されるお子様の年毎の成長を見、当然のように我が葡萄園スギヤマのぶどうを楽しむ表情を見るのが嬉しい。

ぶどうだけでなく、もっとプラス・アルファの楽しみを提供したいとトウモロコシを作ったり、花を植えてみたり、案内状の葉書持参のお客様にお土産を用意したりと我々の幸せを伝える気配りをする。

その気配りには、観光農園のシステムを支える道具立てが必要である。

たとえば輸送用の箱である。現在は一・五キロの箱、二キロの箱、四キロの箱があり、そのそれぞれに、中に入っているぶどうや桃がつぶれないようにするための専用のクッシヨンや封緘具、結束具、品種シールや食べ方の注意書き、など現在観光農園の開園には約六〇種類の資材を用意している。

それらそれぞれについて、

①最適な仕様のものを

②多すぎもせず、少なすぎもしない最適な数量を、

③最適な業者から、

④最適な方法で入手し、

⑤最適な予算価格でストックし、……そして、

⑥必要になったときには、いつでも手元にあって顧客を満足させられる状態を管理しなければならない。

その六〇項目×一三管理項目＝七八〇項目を最低のコストと時間のもと、最少の欠品率で満足させることが求められる。

図12　資材管理のエクセル表

		a	b	c	d	e	f	g	h	i	j	k	l
Item	品名												
#	PR	期間需要	初期在庫	入手量	最終在庫	実消費	新しい期間需要	発注数	要求仕様	入手経路	予算単価	購入予算	保管場所

お百姓さん一年生のときは、それらの資材の主要な部分を当然のこととして農協に依存していた。

だが、自分自身が次第に学習効果を高めるにしたがって、より最適な仕様のものをよりよい価格で、より適した在庫管理手法で、運営しなければお客様を満足させる経営ができないと気がついた。

図は現在資材を管理しているエクセルのページからヘッダーだけを切り取ったものである。

左端からまず項目番号（＃マーク）：約六〇項目の資材に通し番号をつけて管理している。次が品名：ここには中分類の（ＰＲ）が記載されている。中分類は次の七項目になる。

Ⅰ　ＰＲ：パブリック・リレーションズ（広報宣伝関連）
Ⅱ　地方発送：発送関連資材
Ⅲ　伝票類：発送伝票や領収書や請求書振込み票
Ⅳ　シール類：ぶどう桃の品種シール
Ⅴ　観光狩り関連：ハサミやかご
Ⅵ　文具：ボールペン、セロテープ、切手、封筒
Ⅶ　その他：コンテナなど運搬具

以下がそれぞれの品目に対する、**ⓐ期間需要**：これは前年閉園と同時に設定されるシーズン中に必要になると予想されるその資材の数量。

次が、**ⓑ開園前新規資材発注入手前の在庫量。**この在庫の五つ先のカラムがⓐマイナスⓑ、すなわちシーズン需要に対する在庫の不足量になる。この不足量が、**ⓖ発注数量**である。

ここで発注入手された数量が、**ⓒ入手された不足数量**の欄に記載される。

ほぼ一ヶ月の開園期間の最終日に実棚調査を行い、**ⓓ最終在庫**を計数する。

二〇〇八年の場合は、その作業を八月三〇日に行っている。

二六日に閉めたが、その後もお客様が途切れずできなかった。

最終在庫が、ⓓ欄に入力されると自動的に、**ⓔ実消費**が算出される。

ⓓ最終在庫を入力して、ⓔ実消費が算出された時点で、開園からまだ一ヶ月以内、閉園から数日の、私のボケ頭でも、記憶が新しい間に、**ⓕ新しい期間需要**が再設定される。

通常は実消費×一・三で設定するが、その年の特段の需要の変化や今後減少させるか積極展開するかなどの戦略的配慮を織り込んで決める。

閉園と同時にする、この実棚から需要の再設定までがほぼ正味半日の仕事である。

これが「草を見ずして草を取る」前半分の仕事である。

来年、その資材が必要になってからでは適正な数量もわからなければ在庫がどれだけあるかもわからない状態になりかねない。

逆に**ここまでしておけばこの件はほぼ一〇ヶ月寝ていられる。**

一〇ヶ月たって、開園直前に、新しい期間需要ⓕの数式を含まない数値だけを、ⓐ期間需要ⓐにコピーすれば自動的に、発注数量ⓖが算出されて開園中支障をきたさない適正数量が発注される。

ただし納品までの期間が短くて、多少の在庫もある資材については開園後の消費状況を見て在庫の最適化を図る場合もある。

発注先は数社に分散するが、ここまでできていれば、すべての発注作業をほぼ半日でできる。

通常の手法、必要になったら手配するという在庫管理形態であれば、最低一〇日は要する在庫調査／管理／発注／補充などの作業をほぼ正味一日で容易に最適管理できる。

仕様が次の欄の項目である。約六〇項目の資材について、品名だけでなく仕様も詳細を最適管理する。

二〇〇八年の場合、最適化の流れのなかで仕様を変更したのは二件のみ。

二キロ箱のダンボールの芯を強化して冷蔵輸送中の湿りに対する強度を改善したのと、

もうひとつは、ガムテープのバッキング・フィルムの厚さを規定していなかったが、テープの裂けによるリスクを減らすため、バッキングは幅五〇ミリ厚さ七五ミクロンと再定義したことである。

次のカラムは発注先。

その次は、その資材の予算単価。予算単価は農薬も肥料もすべての在庫管理する資材で簿価を設定する段階から登録管理している。協力会社がその時々で思いつきの価格請求をしてくる場合もあるので、目が離せない。

次のカラムは新規発注した場合の資材の予算額。これらの欄はすべて自動的に算出して埋められる。

最後のカラムは資材のオフシーズンにおける在庫場所である。我々のような記憶力がない爺婆による農園は一時間前に収納した場所も忘れる。だから収納場所を記録する必要があるのだ。

もちろん開園中は大量の資材が入庫されるし、在庫も通常の場所からセンターデポに集積するのですぐアクセスできるが、開園前の準備やオフシーズンの間欠需要にも対応するため保管場所の記録は必要である。これで「草を見ないで草を取る」の終了。

これら資材の最適管理ができれば、お客様との再会は「楽しいばかり」である。

観光農園編

収穫時期のタイミングを、どのように管理するかは、観光ぶどう園に限らず、あらゆる作物について、品質から収益まで大きな影響を与える重要なポイントである。収穫の最盛期を、市場をにらみながら長期間維持するのか、一気にピークにもっていくのか、これは栽培技術の醍醐味でもある。

開園しながら熟すのを待つ

1章でも触れたが一九九一年、観光農園を初めて開いた年の一月一日「観光農園を成功させるためのアクションプログラム四〇項目」を立案した。「＃1．ロゴマークを作成する」からはじまって「＃40．作業標準（SOP）を作成する」で終わる六ヶ月の準備作業計画である。

そのそれぞれを妻と二人で分担し、時間割にしたがって七月の開園に向けて準備した。

その中の一項目にいつ開園するかを決める「開園日決定基準」があった。

その前の一シーズンは、ぶどうの農協出荷を化粧箱やパックなどで行い、収穫終了間際に三日間ぶどう狩りの試行をしたとはいえ、園全体を直接顧客に販売するのは初めてのことでどうしたらよいか皆目分からない。

開園する日は当てずっぽうで、やむなく「エイ・ヤー！」と**「2σ（シグマ）で開こう！」**と決めた。私が自分で測定できるのは糖度だけだから、ぶどう園の糖度を統計的に測定し、その平均値を$\bar{x}$（エックスバー）とし、そのときの糖度のばらつきをσ（シグマ：標準偏差）とすると、糖度が$\bar{x}+2\sigma=16$になったとき開園しようと決めた。

これを乱暴に数値に置き換えると直感では次のようになる。

葡萄園に袋を二万掛けたとしよう。ぶどうの房が二万あるということである。

糖度の平均値$\bar{x}=14$なら一万房は糖度一四以下、五〇%の一万房が糖度一四以上ということである。

糖度のばらつきが$\sigma=1°$とし、糖度の分布が正規分布と仮定すると$\bar{x}\pm\sigma$には、すなわち糖度一三〜一五の房は六八%あり、$\bar{x}\pm2\sigma$すなわち糖度一二〜一六の房は九五%存在する。糖度一二以下が二・五%、一六以上が二・五%とすると二万房のうち二・五%の約五〇〇房が糖度一六度以上ということになる。初めて開園して、最初にパラパラとまばらに来るお客様がその五〇〇房を採る間に次の一〇〇〇房が熟すだろう。というのが「エイ・ヤー！」の中身である。

図13　ぶどうの模式図

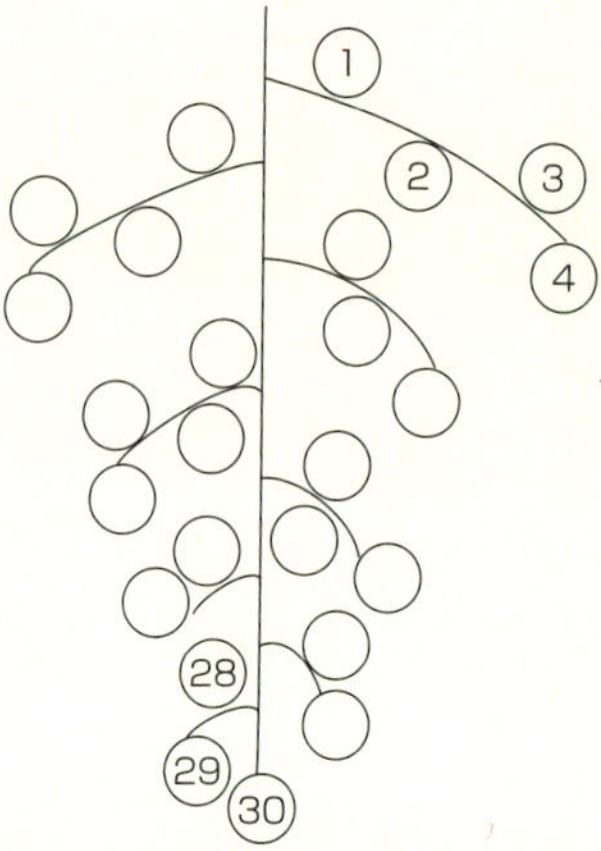

初年度、一九九一年七月一〇日に開園した。

お客様の来園は想定を上回り、「採れる房がないじゃーないか」などと言われ、赤っ恥をかきながらも八月三一日の昼には最後の一房が売り切れた。

翌年は1σで開園し、数年後には$\bar{x}$で開園した。園全体のぶどうの房の糖度が平均で$\bar{x}$＝16まで待って開園しなければならない程度に葡萄園スギヤマの評判が立ち、お客様が開園と同時に押し寄せるようになったためである。

その間、園全体から測定するための房の抜き取り方や糖の測定法、さらには酸の測定やぶどうの玉の着色の測定など、開園時期を最適化する手法は年々改良を重ねて進化した。たとえば、選ばれた房から糖や酸などを測定するぶどうの玉を一粒もぎ取る場合にも、図のように最初は①②③④の順で採ったが、それを④③②①と変更し、現在では㉚㉙㉘の順になっている。

これら細かな一つひとつの改良が最適化への道を進めているのである。

糖と酸の変化率を求める

開園時期の最適化で技術開発の飛躍は「二一日前に知りたい」と思ったのが最初の転機であった。

理由は顧客層が厚くなり、開園と同時、または開園を待ちきれないお客様からの問い合わせが急増したため、開園時に十分なぶどうが熟していなければならないし、問い合わせに対してはいつ開園するかを早い時期から伝える必要があったからである。

これらの要請の結果、開園が2σ⇓1σ⇓xと変化し、それが結果として開園時期を遅らさざるを得ないことになり、待ちきれないお客様の要請との背反状況に対処する必要が生じた。

サンプリングするぶどうの玉の位置変更も、糖度だけだった決定基準に酸や糖酸比（糖度を酸で割った値：たとえば糖度一八を〇・六％の酸で割ると値は三〇となる）を加え、かつその値も年々厳しい方向での変更を重ね、開園を次第に遅らせた。

その結果、熟したまま待っていられるぶどうに対して、熟したらすぐ落ちてしまう桃で開園を待てない品種が次第に増えた。

もう一点、お中元に何を送るか思案しているお客様の一部が、我が園からの案内を待ちきれなくなりつつあった。しかしそれまで開園の一日前に届けていた開園案内を一八〜二〇日前に届ければ、情報によっていくつかの問題は軽減できるだろうと判断した。

開園案内を早めに届けるためには糖度も酸もすべて計算で求めなければならない。

ぶどうの玉がまだ緑のうちに、いつ真っ黒くなり、糖酸比が三〇を超えるかを、過去の我が圃場の気象データと、宮崎県南部地方の気象予報で計算するという個人の百姓にはちょっと重い課題に挑戦した。

しかしチャレンジし甲斐のあるプロジェクトでもあった。

ぶどうにおける糖度の変化、酸の変化を数式化するにあたり、まず行ったことは、

①我が葡萄園スギヤマの実際の圃場での糖と酸の完熟期における推移の過去データを一〇年分集め、それから経験式を作った。

②それを果樹誌などに時々掲載されるグラフと比較して修正を加える。

③その得られた経験式は何の関数であるべきかを考えた。たとえば糖は光合成産物の蓄積の結果によって上昇するものだから、累積日照時間の関数であるべきだ。酸は積算温度により分解され高級アルコールに変化して、低下してくるので積算温度の関数でなければならない。

④そこには実際の我が圃場における気象の実績データと気象の長期予報も組み込みたい。

など、さまざまな検討を重ねた結果、現在の観光葡萄園開園日予測システムに組み込まれた、糖と酸の一日分の変化を計算する式を決め、開園の最適な時期を決めることにした。

計画的なシステムがゆとりを生む

だが、数式にはお客様のメンタルな要素は残念ながらまだ組み込めていない。

だから一八日前に開園案内を送付したら、待ちかねたお客様は開園日など読まずにすぐ押し寄せてくださる。これではとても対応できない。

それで早くお知らせするのは数年で止めた。

しかしこのシステムは開園に向けて行うべき準備作業、たとえば看板や旗の補修それに草刈や直売所の化粧などなど、環境美化の工程を組んだり、必要な作業を計画的に行うために今では不可欠なシステムになった。

バタバタせずにゆったりと農作業できる。

情報開示が平和を生むゆえんである。

観光農園の運営と閉園

ジェフリー・ムーアの著書『ライフサイクルイノベーション』（栗原潔訳、翔泳社）から、私の農業経営へその理論を投影すると、そこで議論された一四のイノベーション（経営から物作りまであらゆる面での改革のこと）モデルのうち、私のぶどうによる観光農園に適用可能なのは、この分野が成長市場でも衰退市場でもない成熟市場であるので、「顧客エクスペリエンス・イノベーション（製品に関する顧客の体験を改善することで差別化を行うイノベーション）」で、その市場で勝ち残るためには「市場のフラクタル化（縮小しても自己相似性があること、そこから転じて市場が飽和しても次々とニッチ市場が可能な状況。電話→携帯→メール→ムービー→着メロなどを指す）」を強力に推進してリーダーシップを取る必要がある。

そこではぶどうの機能的側面：糖度や酸や糖酸比や着色などは「コンテクスト（顧客の

視点から見て差別化に結びつかない業務。コンテクストは標準レベルを達成すれば十分で、それを超えることは無駄である）」であって「コア（市場において長期的差別化を生み出し、高価格設定や収益増大に寄与する業務）」は**顧客の「エクスペリエンス：体験」**である……という帰結にたどり着く。

この帰結は、絶えて久しいインパクトであった。

観光農園運営を閉園までたどると、実に自分の経営が意図しなくともそのように既に動いて最適化していたことに気がついた。

以下は日本語訳ですら宇宙語の塊（この本で使われている言葉は、通常の定義からは大きく乖離した、独特の定義で使われている）のようなこの本の手法で、観光農園の分析を進めてみよう。

観光農園を、いつどのように開くかの最適化には紆余曲折の一二年を要した。

もちろんその時間軸には、自分の擁する、顧客集合のエクスペリエンスとそれに基づく要求の変遷も関与するので、目標が固定しているわけではない。

したがって、その意味でも今後も最適点は動き続ける。

ともあれ、その最適条件を模索しつつ、開園を果たした途端に最適化の照準は**いかに運営し、いかに売り切り、いかに閉園するかに移る。**

我が葡萄園スギヤマの経営モデルでは売上の五〇％がPOS（ポイント・オブ・セールス：直売現場）での顧客エクスペリエンス（園内を散策したり、POSで試食したり、狩りをしたり、直売所での会話をしたり、などなど）に依存し、五〇％が地方発送やお持ち帰りの別を問わず、贈答に依存している。

贈答品を受け取るお客様はエクスペリエンスを伴わないので「コア」はぶどうそのもので、箱やクッションや入れるビラなどがコンテクストとなる。

贈答ぶどうを口にしてくださるお客様はお金を払わないのだけれども、送り主に対するフィードバックが葡萄園スギヤマの直接顧客にとってはエクスペリエンスとなる。

したがって製品品質とサービス品質のベストミックスを提供しなければならない。

その関係を表現するために観光ぶどう園における、ひとつめの品質仮想モデルを図14に

図14 **大きさと品質でグループ分けして、お客様の満足度を最大限にする**

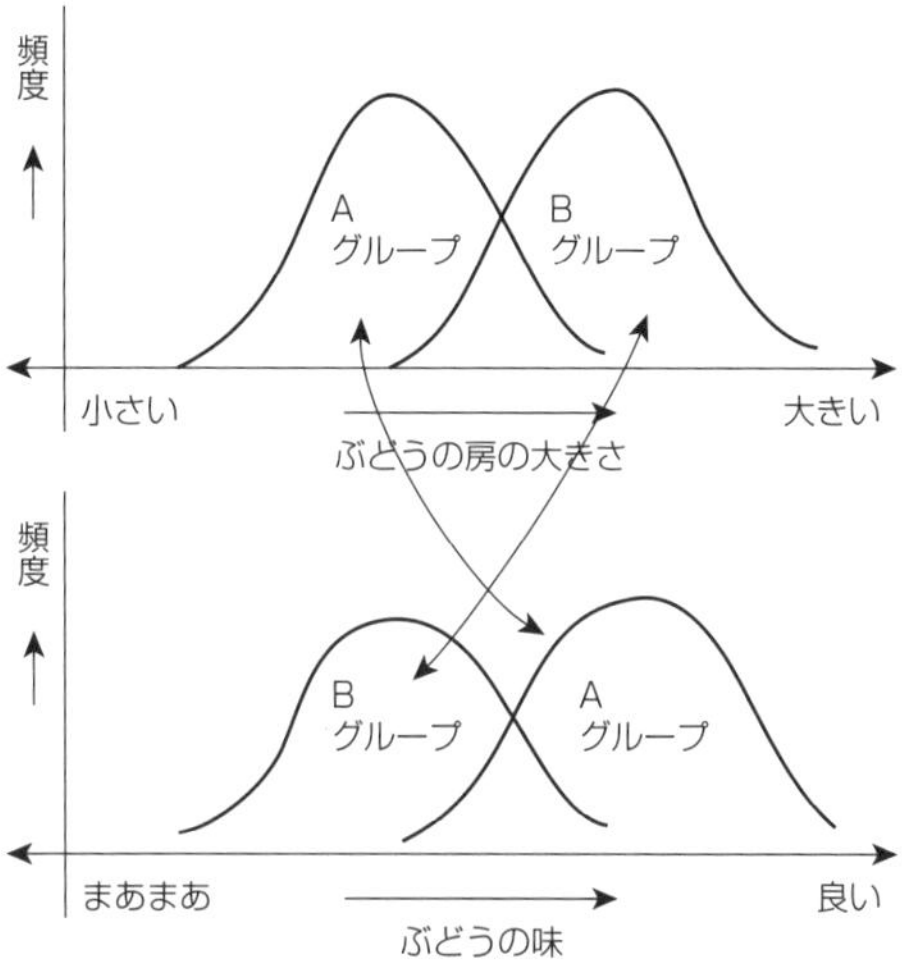

品質は落ちるものの、房の大きいぶどうを狩ることのエクスペリエンスは非常に大きい。ビジュアル優先のお客様用に、Bグループのぶどうを用意しておく必要がある。逆に贈答用のぶどうは、味を最優先にしたAグループを発送する。
お客様が何を求めているか知り、それに応えることのできるたしかな技術力が必要となる。

表現してみた。

お客様が自分で狩りをしてぶどうの房を切り採るときには、品質は低いが房が大きくて立派なBグループのぶどうを選択する。このお客様はエクスペリエンスがコアになるから、メンタルな側面が支配してぶどうのビジュアル優先となる。

そのお客様が贈答用の発送を依頼する場合、原則としてお客様が採ったぶどうはお断りし、我々が翌日以降に朝採りしたAグループの、味をコアとしたぶどうを箱に詰めてお送りする。

ぶどう栽培での最適化は図14で二つのピークを持ったぶどうのグループを栽培技術で作り込まなければならない。

次に追求するのは房が熟す時期である。

市場出荷を販売の中心にすえる農家ではぶどうそのものがコアであるから、当然Aグループのぶどうを求める。すべてのぶどうがいっせいに熟す状況を望む。

どの房を出荷するか探し回らずに、端から一気に収穫を終わらせるためである。市場出

図15 **販売ルートによって、熟成期間の調整をする**

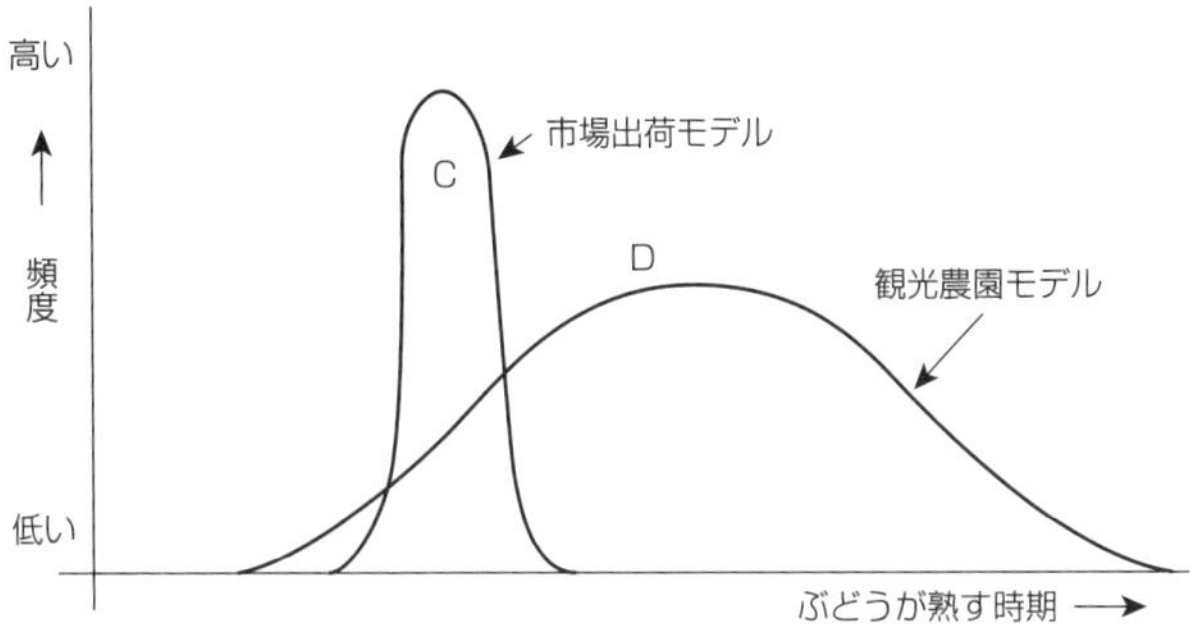

荷は収益性が低いから大面積をこなさなければならないことも要因となる。対して我々観光農園はそれでは困る。

お客様が採るにつれて熟し、過熟にならないように一部の房は熟期が相対的に遅れるような管理をしなければならない。

それには最適化した着果負荷と登熟を遅らせる水分ストレス管理が必要になる。

図15の熟し方モデルでは市場出荷モデルCでは、どの房も同じような形で同じように着色して差がない。狩りをするお客様としてはエクスペリエンスの発露がまったくなく、不完全燃焼に陥る。

したがって、あえて観光農園ではモデルD

のような熟し方の制御をする。

入り口付近に最後まで房を残す意味

一方、園の中で房の熟度分布を考えてみよう。

お客様は入り口を入って二〇～三〇メートル以内で採ってしまう確率が高い。我が葡萄園スギヤマの場合園の奥行きは一三〇メートルある。奥には良く熟した房がたくさんあっても、入り口付近の房がなくなると、お客様はあのぶどう園はそろそろ収穫末期だという印象を持ち帰ってシーズン内リピート率が低下する。

この問題に対処するため、**入り口から左右一〇メートル、奥行き四〇メートルは園の着果制限基準より二五%着果量を増やして相対的に熟期を遅らせることにした。**

入り口から一〇〇メートル以上離れた奥は、比較的Aグループモデルに近い房作りをして、贈答用の房は奥から優先的に収穫する。

このように園の入り口より遠い樹から次第に手前に向かって収穫終了ラインが近づくように管理する。

最終的に、いつ閉園するか？

これは考え方によっていろいろ意見が分かれるテーマではある。

一昨年、中国地方で一二月四日まで開いていた農園があったが、これは例外としても九州で一〇月半ばまで開いているのは平均的農家であろう。

当然、みな晩腐病を気にするし、閉園が遅れるにつれ労働生産性はどんどん下がる。

今回のテーマであるお客様のエクスペリエンスを支配するメンタルな側面ではどうであろうか？

私の園では一ヶ月前後、五週間が最適点だと考えている。労働生産性、収益性も高く、その五週間の間に密度の濃い三種のエクスペリエンス（狩り・贈答・加工関連の体験）を提供し、もうちょっと欲しかったという感覚で、来年への余韻を残して閉めるのが効率も高く、典型例では五週間に三回のリピート来園でお客様の記憶への刷り込みも最高になる。

物足りなかったお客様は我が園の閉園後他園を訪問し、やっぱり葡萄園スギヤマが一番だったというダメ押しの確認をする、そのようなエクスペリエンスを植えつけるのも良い。

開園期間をモデル化した図を次ページに示した。図でぶどうが熟すなりに販売すれば正規分布の曲線をたどることになるが、開園を「0」点まで引っ張る。

それにより十分なぶどうの供給余力を溜め込み、初期セールス・ピークを作り出す。閉園側もそのまま自然に販売を続ければ緊張感も低く、感動もないエクスペリエンスがだらだらと五～六週間続くが、それを加工用ぶどうの販売という別次元の閉園ピークを作って終了させる。

二〇〇八年の場合、気象／台風四号とそれがもたらした大量の雨／台風五号と高温などにより、農園は八月四日に開き八月二六日に閉めた。が、総括すれば開園期間が三週間で

図16 **お客様に3つの物語を提供する**

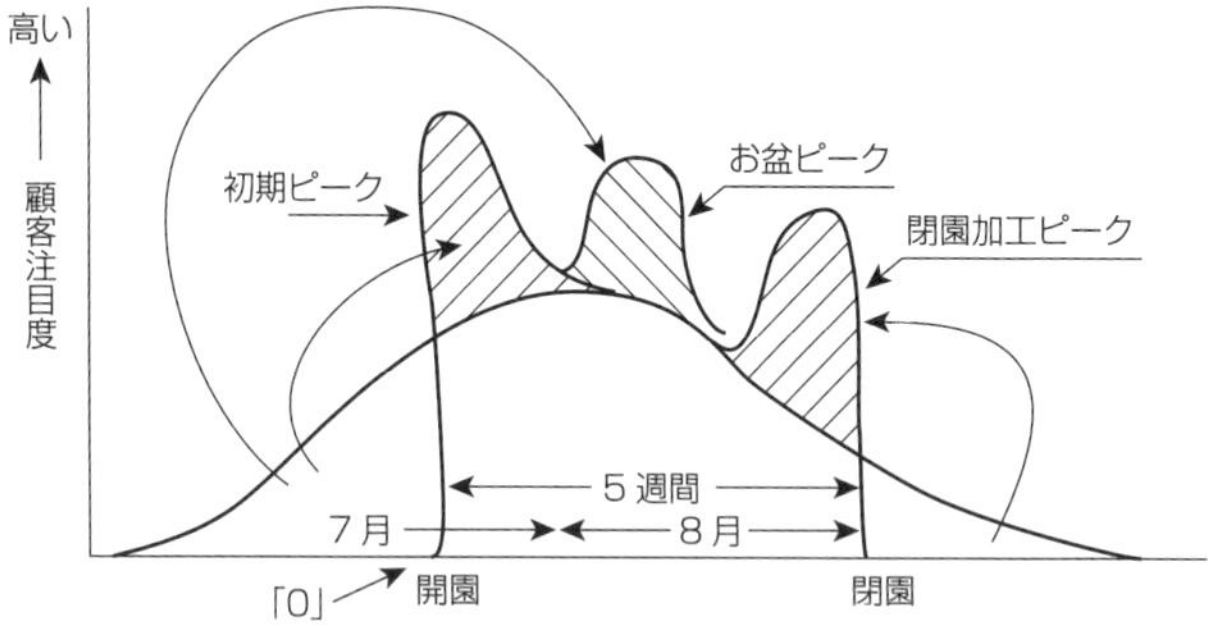

いつ閉園するかというのは難しく、意見の分かれる問題だが、私は「狩り」、「贈答用」、自家用ワインの作り方や、ジャム、ジュース、シャーベットなどのレシピを提示し、指導することによってお客様の自宅での手作りを支援する「加工関連」という3つのピークを作るようにして、5週間開いている。最後の「加工関連」では、加工用ぶどうの予約販売を促進しながら、お客様との交流を楽しんでいる。

も一〇週間でも経営的にはあまり結果のぶれはないことが確認できた。

その間、お客様のエクスペリエンスを最適化することに集中する。エクスペリエンス密度を濃いものにする戦略で、五週間の間に少なくとも三つの物語（狩り、知人や家族への贈答、ワインやリザーブなど加工関連）を埋め込んで記憶していただけるようなホスピタリティ（Hospi-tality：歓待／もてなし）をデザイン・イン（Design-in）するように努めるわけだ。

経営を自動的に進化させる

営農サイクル

農業について考えるとついつい春夏秋冬、一年一年季節をつむいでゆく職業だと合点しがちである。

だが、この営みを最適化しようと努めるとそのサイクルは一年では閉じられないことに気がつく。

試みに私の農業経営の一サイクルを順に追ってみると図17のようになった。

主要作業をざっと挙げただけでその作業数は六〇を優に超える。

図 17　営農サイクル

月	四半期	主要作業
7	−2四半期	苗保守
8		間伐・縮伐計画作成
		苗発注
9		間伐・縮伐
		肥料設計
10	−1四半期	元肥施肥
		施設修理・保守
11		苗定植
		樹移植
12		剪定
		弱勢力樹縮伐
1	1四半期	剪定
		年間防除暦設計更新
2		ハウスビニール被覆・温調モーター設置
		昇温開始／温度管理
3		促芽処理／ブリージング／脱胞
		発芽／春肥施肥／芽吹き
4	2四半期	摘芯／葉色測定／機能施肥／開花
		花穂セット／摘穂／枝管理
5		葉色測定／機能施肥
		着果制限／摘粒
6		枝管理／着果制限／摘粒
		袋掛け／機能施肥／開園日予測
7	3四半期	ビニール被覆除去／最終防除／開園準備／配達交渉
		開園案内送付／観光資材手配／観光農園開園
8		観光農園運営／閉園管理
		閉園資材実棚・保守／買掛金精算
9		売掛金回収管理
		顧客簿更新
10	4四半期	キャッシュフロー管理
		投資計画見直し更新
11		5園果樹図更新／苗定植
		果樹移植
12		経理原簿最終入力／農歴最終入力／労働時間レビュー
		年賀設計製作発送／実棚／買掛金精算
1	+1四半期	顧客簿更新
		決算
2		青色申告申請
		新年度改善計画確認
3		確定申告申請

営農サイクルは全７四半期（3ヶ月×7＝21ヶ月）で回っていくことが大切！

これだけの作業を手際よく、かつそれまで長年の間に重ねた数々の失敗を踏まえて適切に行うとなると、人の記憶力だけでは限界がある。

そこで我が葡萄園スギヤマでは「作業行程表（コンソリパック）」と名付けた作業マニュアルをエクセル上に作ってそれに従って農業を行っている。

数えてみると、**一営農サイクルの時間経過は二一ヶ月に及んでいる。**

従ってある一時期に行っている作業も頭の中では、昨年の農作業の整理や結果の把握をしている場面もあるし、今年の収穫を最適化するための作業である場合と、さらに来年の収穫のための準備になっていることもある。

すなわち行き先がそれぞれ異なる「計画」「実行」「反省」を同時進行で行っていることになる。この場合、行き先とは前掲の行程表00を指す。この場合「00」は収穫年度を指す。

それらの相互時系列関係を示したのが図18である。

それぞれが二一ヶ月の作業を網羅して重なり合いながら同時進行する、三つの営農サイクルが描かれている。行程表07は行程表06のコピーで行程表08は行程表07のコピーである。

しかし07に基づいて作業を行えば、結果は07に書き込まれるが、何か問題があって改善提

図18　各年度のマニュアルの流れ

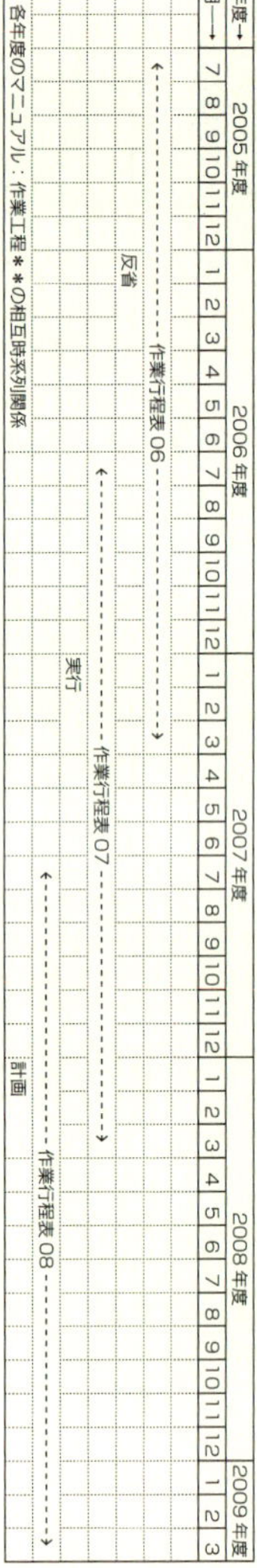

案がなされればそれは08に反映される。

すなわちこのマニュアルは06→07→08と作業マニュアルが常に自動的に進化するように仕組まれている。

作業者がそのように意図しなくとも自然にその進化を促すようにシステムが出来あがっている点がポイントである。

ちなみに行程表02なる初期のエクセルブックは五九ページ、一・一メガバイトの記憶容量を占めていた。

それに対して現在の行程表08は八七ページ二・四メガバイトの大きさに進化している。

実は当初自分の農業経営にとって有用な情報を入手すると、この行程表に書き込んでいた。

それは翌年の計画に反映しやすいからでもあった。しかし、その覚書き情報の容量が大きくなりすぎてこのパッケージがあまりの重さに耐えかねたので、その覚書きの部分だけ別ファイルにして現在では行程表知恵袋として独立させている。この容量は四四メガバイトある。

仮に一メガバイトが書籍一冊分の情報量と仮定すると、初期の行程表は本一冊分のマニュアル、現在のそれは本二・五冊分になった。

六年間で自己増殖的に進化したことになる。

このように最適化を追い求める流れのなかで営農マニュアルが自然に進化し続ける仕組みがあり、かつそのマニュアルの個々のページがモジュール構造を持っている。モジュール化を意図して作られている点が、とても重要だと考えている。そうすれば異なる経営

図19　作業行程表08の見出し例

- 肥料一般
- 肥料（ぶどう）
- 肥料（桃）
- 施肥量根拠
- 肥料 pH
- 投入肥料一覧
- 肥料液肥成分
- 追肥液肥分析
- 肥料液肥分析
- 肥料液肥一覧
- 肥料禁配合

- 生育管理一般
- 生育管理（ぶどう）
- 生育管理果樹
- 使用未定農薬一覧
- 生育管理農薬需給
- 生産管理見積り
- 生育管理価格

- 生育管理発注
- 生育管理受検

- 被覆一般
- 被覆記録
- 被覆サイド
- フィルム在庫

- 環境一般
- 環境管理表
- 発芽 - 開花日数
- 環境検量線
- 積算温度ワークシート

- 葉色一般
- 葉色（ぶどう）
- 葉色日内変動
- 非直線基準
- 葉色（桃）

- 葉色研究
- 散水シミュレーション

- 袋一般
- 袋（ぶどう制限）
- 袋（桃予算式）

- 熟期一般
- 熟期（平棚）
- 熟期（ぶどう園）
- 熟期参考データ

- 観光一般
- 観光資材
- 観光包装
- 観光箱
- 残り房販売管理
- 出荷記録
- 発送記録

- 運賃
- 運賃件数
- 運賃結果検討表
- 想定モデル検討

- 労働時間管理

- 経営一般
- 経営在庫
- 経営償却
- 減価償却費の計算
- 損益計算表
- 貸借対照表
- 決算書裏面
- 確定申告用原簿
- 確定申告書

モデルを組み立てる時でも個々のモジュールを部品として組み合わせるだけでマニュアルの大部分が簡単に作れるという普遍的波及効果を期待できる。

行程表の全体は図19の年間作業手順を支援しつつ成長する仕組みを持っている。もちろん作業員が改善改革を体に刻み込んで取り組む従来型の農業者では仕組みは活かされない。改善改革は行程表というマニュアルに刻み込んで、人はそのマニュアルにしたがって作業するという手順を身につけなければならない。


簡単な例を挙げると、桃の果実が少し小さいと思ったとしよう。

その場合、翌年の袋掛け数を減らして果実の太りをより大きくしようと考える。そこまでは誰でも考える。

それを翌年まで覚えていて、袋掛け作業や着果制限作業に反映させてはならない！この場合正しくは、翌年の行程表を開いて桃の袋掛け予算式に〇・七をかければいい。

そしていつその変更をしたかとの記事を付記する。桃が小さいと思ってからこの変更には五分も要しない。以降その変更すら忘れてもかまわない。

が結果、翌年の各桃樹への着果数は自動的に三〇%削減され、桃の玉太りが改善されるようになる。このような自然に進化する管理システムが最適化農業を加速する仕組みだと信じている。

管理システム、最適化農業は常にこれまで得られた結果をフィードバックさせることによって、ますます効率的になっていくのだ。

栽培管理と農業の未来

栽培管理記録簿　農家性痴説？

百姓二〇年、栽培している農産物をどこかに出そうとすると、栽培管理記録簿を提出するように要求される場面が多くなった。

私の農産物は直販比率が九二％で、その延べ五〇〇〇人以上のお客様で記録簿を見せろという方は皆無である。

残り八％の部分で「栽培記録管理簿を見せろ」と要求されるのである。消費者からではない。流通からだ。

この栽培管理記録簿を初めて書いたときから感じてきた違和感を、長く押し殺して生きてきた。

田舎では長いものに巻かれないと生きづらいし、特に百姓は流通に逆らうと生活の手段を失う可能性がある。

だからそんな違和感を持ったところでいちいち解明もしないし、追及もしないのが賢明だと思ってほったらかしにしてきた。

が、最近ちょっとした事件があってその違和感を分析してみるのも悪くないと考えるようになった。

まず栽培管理記録簿というのは、どんなものかわからない方もいると思うので、手元にある用紙の要求項目を列挙してみる。

各地方それぞれ様式が異なると思われるし、我が町でも露地野菜、果樹、施設野菜、三アール以下の菜園用などなど幾種類もの用紙がある。ここでは私が果樹農家なので果樹栽培管理記録簿について見よう。

①出荷先――農協産直／農協直売センター／本物センター（道の駅）／その他どこか？

②生産者の居住地区名、氏名（印）、生産部会名、樹齢、堆肥の購入先（ＪＡ・町・その他）、除草剤使用の有無、農地地番・面積、品種、作形、高接ぎ・前品種・定植、収穫開始予定／収穫終了予定

③使用肥料――（農協扱いの肥料を中心に一四種程度を網羅して）肥料の購入日・施用日・施用量・施用名

④液肥・資材関係――（農協扱いの液肥５種を例示して）資材名・購入日・施用日・施用量・葉面散布・液肥

⑤栽培管理二五行――作業時間と期間を記入して／月日・天候・堆肥施用・剪定・灌水・その他・薬剤散布、使用器具、使用薬剤、希釈倍率、散布量

用紙裏面下段——受付年月日・受付番号・確認者・農薬散布回数・カウント外農薬・カウント農薬
計算用紙表下段——（綾町自然生態系農業認定区分として）受付・受付日・受付番号・農地登録番号・農地の認定・生産管理認定・総合認定・推進員確認印・検査員認証・所長決済

以上が用紙の概略である。これを御覧になった読者のほとんどは「だからなんなのさ！」と、何も感じなかったかもしれない。

もしかしたら私が**多感な年頃**だからかもしれないが、この用紙一枚を見ただけで私は三〇ヶ所以上でストレスを感じた。何かの雑誌で**切れる老人公害**（公共の場で怒りをバクハツさせやすい老人たち）という特集記事があった。私もぶっちぎれる年代になったのかもしれない。

「切れる」というのは頭が良いという意味ではない、パニックになりやすいという意味で使っている。

このような用紙に記載して提出しなさいと要求する機関は、要求する相手が負担するその労力や管理コストに見合った何を手に入れようとしているのだろうか？

その際、農家の管理コストはどこで支払って（補償して）くれるのだろうか？

音楽でも、小説でも、インターネットの記述でも、写真でもいずれの場合も知的所有権は広く認知されている。農家の栽培管理に関連する知的所有権、技術資産は誰が補償してくれるのだろうか？

あなたがカラオケに行って一曲歌えば作曲家と作詞家に何パーセントかの著作権使用料が支払われる。世の中の常識である。

なぜ一人、百姓だけが無報酬でそれを受け入れなければならないのだろうか？

車を作っているメーカーや電子機器や部品を作っているメーカーに、いや、銀行や証券会社でもよい、内部の全工程を明らかにし、資源の購入先、仕様などをすべてを明らかにせよと迫ったら、金融庁も経済産業省も猛反対するだろう。

それなのに、なぜ農水省はそれに猛反対しないで、逆にそれを要求する側にいるのだろうか？

これは私の想像だが、最近流行りのトレーサビリティーとやらに汚染された役人が自分の責任を果たしているというアリバイ作りのために、百姓を犠牲にしていると思われる。もし本当に、食の安全安心が担保されるのなら、百歩譲って少しだけその考え方を認めてもよい。

がしかし、流通を渡り歩く間に「証明書」というのは、いつの間にか中国産から国産に変わっているものなのだ。

つまり、だましているのは農家ではなく、流通と農水省である。そのツケを農家に回すな！

輸入米汚染の事件では、六〇回も立ち入り調査をして不正を見抜けませんでしたと農水省は言っている。

何月何日に行くよと予告して調査に行くというのは、接待を受けに行くにきまっているでしょう！　見抜く見抜けない以前の問題です。

クビだ!!　あ！キレた！

栽培管理記録簿をすべての農家が正しく提出したとして、それで安全安心が担保される場合を想像してみよう。

農家が農薬袋に書かれた記載を無視して間違えた農薬を散布し、それを正直に記載して提出し、検査機関のチェックで判明し、製品回収した場合。または牛乳を水増しして薄め、タンパク質濃度をごまかすためにメラミンを大量に混入させ、それをそのまま記載して提出した場合に、同じく検査機関が発見し、市場流通の前に回収廃棄した場合。

これらの二例は有効です。

共通する安全安心のためのキーになる原理は農家がドアホーという前提が成り立つ場合だけです。

人間を、そもそも人は善であるという「性善説」でとらえるか、逆に人間は本来的には悪であるという「性悪説」でとらえるかという議論が教育界などでありましたが、この場合は、性賢説か**性痴説**かという議論で、行政や管理機関が農家には性痴説があてはまるとの論拠によっている場合だけ成立する手法です。

もし想定外で農家が馬鹿ではなくちょっとでも常識的なら、仮に違反をしても栽培管理記録簿には記載しないでしょう。

栽培管理記録簿　付帯価値

いまはむかし、百姓になる前には、半導体を売っていた。

半導体は「産業の米」と称されるだけあって、産業界はそれで支えられていた。

その会社で半導体の営業をしていた一五年間に一二〇〇億円ぐらい売ったと思う。

その間、思い出すだけで約六回、品質事故を起こして、市場回収したことがある。

もちろん小さな品質事故は山のようにあった。お客様が無理な使い方をしたり、不適切な環境で動作させたり、高温多湿な環境に保存して腐食を起こしたりなどなど、細かい事故まで含めれば、私まで報告が来ないで処理された事故も数限りないだろう。

責任が生産者側か、あるいは消費者の使用法などに起因するか不明の場合ももちろんたくさんある。

これは農産物もまったく同じである。市場で食品を動かせば、必ず事故はある確率で起こる。

お客様の保存法、調理法、調理後の食べ方、その他生産者の預かり知らぬ理由も含め、事故が起こる可能性は常に排除できない。**事故は必ず起こる。**


お客様にＩＣ（集積回路）を一個売ったとしよう。論理回路一個九円だった。お客様はそれを原子力発電所の制御装置に組み込んで事故を起こして、一〇〇〇億円の損害を被ることになるかもしれない。

高級乗用車に組み込み、それが走行事故を起こし一〇〇〇万円の損害、ゲーム機に組み込まれて故障してしまい、修理代一〇〇〇円の可能性もある。

これを農業に置き換えて考えるには、お客様が三〇〇円のぶどうを買って食べたことによっておなかを壊して、病院代と休業補償で五万円の損害だと理解すればよい。お客様の損害がいくらであれ、当方の売上は三〇〇円だから何万円もの求償はできないとお客様は考えない。必ず要求してくる。

当方も念のため売買契約書には問題が起きても販売額以上の保証は致しませんと、補償規定を印刷しておく。

が、お客様はそんな補償規定は読まないし、読んでも鼻の先で「フン」と無視する場合もある。その補償規定が用いられるときは裁判で決着をつけるときで、それは当方が市場から退場するときである。

かくして事故が起きれば、原因究明と再発防止の交渉が始められる。

目的はあくまでも**売り手と買い手双方の原因究明と、再発防止、それに速やかな問題の終息である。**

そのあとで、求償交渉が始められる。

ここで注目点は「売り手と買い手双方の原因究明」という点で、製品の製造段階の不具合だけでなく、そのような「不具合を内在する製品を受け入れてしまった買い手側の原因」も追及されなければ、必ず起こる事故を最小化できない。

ある工場は衛生管理が悪いから、そこの工場の食品は買わない。別の店は在庫管理がずさんだから、賞味期限を厳重にチェックする。サンプリングまたは全数の受け入れ検査は必ず行う。

さらにお客様が我々の製品を正しく使いこなす能力がないから売らない、という場合もあるべきだ。

半導体を売るサラリーマンをしていた一五年間に、私が直接関与した事故処理は一〇件程度、求償交渉は五件程度であった。

その製品の売上を大幅に上回る一〇〇〇万円以上の補償金を支払ったこともある。

さて、それらの交渉を通じて、一度も「栽培管理記録簿」に相当する製造工程の開示を求められたことはない。問題の生じた工程部分だけの説明を求められること、標準的製造工程モデルを用いて説明したことはあるが、栽培管理記録簿に相当する情報の開示は求めない。

そんなことをしても問題が解決することなどあり得ないことはお互いがプロとして、熟知しているからである。

問題を最短期間、最小のエネルギーで収束させ、被害の拡大を速やかに防ぐのに何が必要かを理解することが重要だ。

栽培記録管理簿について深く考えるきっかけとなったちょっとした事件について、ここで触れてみよう。

ある年、観光農園は日照不足のために少し遅れて開園した。本物センター（道の駅）へのぶどうパックの出荷も七月後半から始めた。

このセンターでは栽培管理記録簿を提出することが取扱いの条件であるとのことで、やむなく先方が用意した様式で応じた。

次に、町の有機農業推進員の認印が必要だからもらって来いと言われ、私のぶどう園の管理についてまったく知らない、園内をのぞいたこともない、もちろんぶどうに関する知識など皆無の推進員に承認をもらいにゆき、判を押した用紙を提出した。

本物センターはその内容を理解する能力を持たず、その用紙を自動的に有機農業開発センターに回した。

有機農業開発センターがそれをどのように処理し、管理しているかは知らない。いままで何度も提出したが、一度もフィードバックはない。

観光農園の開園が遅れたことも影響して、閉園は二〇〇三年に次いで五年ぶりに九月まですれ込んだ。

九月最初の日曜日に閉園し、忙しさにまぎれて閉園後の後片付けもままならない一週間後、私の栽培管理記録簿が私どもからほんの少し加工用のぶどうをお買い上げいただいたお客様へ、有機農業開発センターから渡ったことを知った。とんでもないことである。

もちろん、ただちに有機農業開発センターに電話して苦情を申し上げた。「私はぶどうの栽培管理記録簿を提出しましたが、それはあくまでも本物センターの求めに応じて、同センターで私のぶどうをお買い上げくださるお客様が要求した場合に対応するためだけで、その場合でも〝アイズ・オンリー〟（コピー禁止、黙読のみ）です。コピーを出したところは、すべて回収してください」と要求した。

そのお客様が私どもの園で加工用をお買い上げくださるときに、「記録簿が必要だ」と言ってくだされば別の解決があったのにと残念に思った。

そのお客様はその加工品をどこかに出荷するときに、私の栽培管理記録簿を添付したかったとのことであった。

私はこの件で友人の何人か、お客様の何人かを失ったかもしれない。こんな不合理な仕組みが日本中に広がっているのは百姓の持つ知的資産、それは「ただで当たり前」と考える農水省の方針を反映しているだろうか？


半導体をお買いになるとき、お客様はその一個九円の単価にかかわらず、何かを同時にお買い上げいただいていると思う。フリンジ・ベネフィット（Fringe Benefit：付帯価値）と言ってもよいかもしれない。

事故が起きたとき、問題解決のために最高レベルの協力が得られ、仮に損失が過大だとお互いに認め合えれば、九円を何万倍でも上回って補償される場合もあるという信頼関係である。

そんな付帯価値が我々の売買関係には常に含まれている。しかし、ぶどうその他の農産物をお買い上げいただいたお客様が、見方によっては何百万円も価値のある技術資産を自由にコピーして持ち去る権利は含まれない。

ましてやそれを次々とコピーして出荷先に拡散する権利は含まない。

むかしパソコンが出はじめた頃、技術資産にうとい多くの日本企業がコンピュータ・ソフトをコピーして使い、莫大なペナルティーを払わされたことがあった。

日本は中国の音楽、映画、ソフトや知的資産のコピーで苦労している。この国はもう発展途上国ではないのだから、成熟社会のモラルは制度として守るべきである。

栽培管理記録簿　技術資産管理

お百姓さんになる前、学校を卒業し、はじめて入社した日本企業で私は会社との間で機密保持契約を結んでいた。

四〇年以上前のことで、そのときは私が技術系だったからかもしれない。「機密保持契約」というのは、その企業内で知った情報を外部に漏らさないという契約である。

次の外資系企業でも、会社に入ったその日にまず要求されたのは機密保持契約であった。

その企業にいる間にも何十回となくその種の契約書に署名している。会社を退社するときも、もちろんその企業に在職していた期間に知った情報を退社後も漏らさないという契約をしてはじめて円満に退社できた。これはいまから二〇年前の話である。

いまではどこの企業もその種の情報管理をしている。企業が産業として存続するには必須の要件で、現在の日本農業のありようと、農家の処遇を見る限り、産業としての体をなしていない。

栽培管理記録簿の運用と要求のされようを見ると、農家の知識や技術など情報はごみ同然、無価値なものとして扱われている。

むしろあなたが持っている情報はもともとお上が下げ与えたもので、開示して当たり前、コピーして拡散して当たり前、隠さずに全部出せー！　という江戸時代さながらの扱いである。床下にコメを隠しているだろうー！　年貢米として全部差し出せー！　おまえらはイモでも食っていろー！　といった調子である。

これでは産業が育つわけがない。農家の後継ぎも育たないし、新規就農者も激減するはずだ。

技術を大切にする企業では、新しい技術の導入や業界標準を作るための努力、技術を取り込むための協力関係の構築などにたくさんのお金と時間を投入していた。前職二社では私もそのような会合にたくさん参加している。

それらは単に秘密を守るという切り口のみならず新規技術の導入や開発、利用などにも多くのインセンティブシステムを組み込んで活性化していた。

直前の外資企業では日本法人の中に技術資産管理室（Technology Asset Management Office）と呼ぶ部門があって、会社の有する技術資産を守りつつ、その売上で大きな利益を上げていた。

農業という部門での集落営農組織や農協という団体はこのような概念と反する形態をもっているので、企業的な経営をしなさいと農業者に勧める掛け声と相反する精神構造を強要している。

既に述べたように、私はかなり複雑な技術管理をすべてコンピュータで処理している。大天才ならまだしも、七〇項目以上もある技術管理のすべてを常人の頭脳で記憶することはまず不可能だ。

さて、これをどう栽培管理記録簿に反映すればよいのだろうか？　そのまま正直に反映させ、提出する？

冗談じゃあない！

そんなことをしたら、ただでさえ生産性の低い百姓の仕事をモニターし管理する部門の仕事量が膨大になり、ビッグ・ガバメントを後押しすることになってしまう。

いまでもこの産業の直間比率（ここでは、直接生産に携わっている人と、その産業の管理に携わっている人たちの人数の比率を指す。一般的にはこれが高いほど効率の良い産業といえる）は非常に低い。

ならば適当に情報を間引いて、A４用紙二ページぐらいに要約しようか？　そんな栽培管理記録簿を見て何がわかるのだろう？

それとも実は防除暦だけが知りたいのだけれども、農家の情報をただで手に入れて、受け売りで知ったかぶりするのに好都合だから、とりあえず全部肥料から管理まで出せと言っているのだろうか？　ついでに農協の肥料を買うように暗に圧力をかけておこうということなのだろうか？

近年、農協の実質的組織率は急速に低下しています。普及所も頼られていない。自立した農家が増えるにつれて、農水省の意思は農家に伝わらなくなってきている。農水省も、農家と同じように努力して、伝達手段と戦略を見直したらどうだろうか？

信頼できる仕組みを考える

栽培管理記録簿のありようについて、ここまでさんざん悪態をついてきた。ここで止めてしまったら、何やらイタチの最後っ屁のようで無責任かもしれないので、私なりの「これから期待するありよう」を書いてみよう。

もっとも私は就農満二〇年、農業の世界のことはあまり知らない。「葦の髄から天井のぞく」がごとき九九％間違いかもしれないが、非難を恐れず、一％のヒットを期待してみよう。

何のために栽培管理記録簿があるのか知らないが、仮に、食の安全安心を担保するために存在するとの前提で考える。

①栽培現場、流通段階、小売り段階で記録は必要である。

トレース可能な情報を保持することは義務である。しかし、栽培管理記録簿を提出することを義務づける必要はない。

余計なペーパーワーク管理のために資源を浪費することになるし、農家は拡散を嫌って意味のない記録簿を提出するかもしれない。

運転免許証同様、持たなくても運転できるが、抜き取り検査時に開示できなければ罰則がある。罰則がある回数累積すれば販売を前提とする農業を続ける権利を失ってもよい。

流通、小売りも、それぞれ同様のリスクを負う。

②基本的に食の安全は信頼関係でしか担保できない。

みんながまじめに自分の義務を行使するだろうと信頼できるような制度が必要である。行政が建前や権威の押しつけ、時間がないからとりあえず、といったようないい加減な基準や仕組みを押しつければ誰も信用しないし、そうなれば仕組みは守られなくなる。たとえば輸入米に農薬が混ざっていた事件があった。農水省の役人はその米について、毎日食べ続けても問題のない濃度ですと発表した。それなら、なんでそんな適当な濃度を基準値にしたのかという問題が出てくる。そんな残留農薬基準は誰も守らなくなるでしょう？

間違っているのはそんな間違った基準を押しつけて放置している行政で、食用に転用した業者は無駄をなくし、有効活用したのだから誉められても良いはずです。カビの混入した米にちょっと手を加えて加工すれば食用可能ならば、なぜ農水省がしないんですか？　なぜ一キログラムあたりたったの九円以下で売り渡してしまうのですか？食用に転用した業者は資源を有効活用して無駄を省いたので表彰しましょう。

私は今年九月、果樹の元肥を購入し圃場に撒きました。その中に米糠があります。比較的安いほうだと思いますが、地元の精米所で一五キロの袋を三〇〇〇円で買っています。一キロ二〇円ということです。

それを農水省は重油を使って焼却するという。

肥料でも飼料にも、もちろん食用も何にでも使えるではないですか？　いったいどういう頭の構造をしているんですか？

この件はいくら書いても紙数が足りないのでもう止めます。要するにみんなが良心的に守るような、問題のある作物が流通／加工／偽装／フードロンダリング（food laundering）が起こらない健全で成熟して合理的な仕組みを作る努力が必要です。農薬のポジティブリスト制度の一律基準〇・〇一ｐｐｍなどほったらかしで、つぎはぎだらけの制度には本当に百姓の一人として腹が立ちます。

③食品の賞味期限改ざんや産地偽装など食品偽装が表面化するたびに注意や勧告、命令など何の罰則も効力もない対応が報道されます。

これは、要するに悪いことをする人には痛くもかゆくもない対策が打たれているということである。報道を観ていてイライラします。最終的に罰を与えているのはマスコミです。だからマスコミが図に乗るのです。

談合問題も後を絶ちません。会社は知らなかったといって担当者が罰を受けるだけです。これでは昔のやくざが親分の代わりに臭い飯を食って箔をつける時代そのままです。たまたま私はアメリカに本社がある会社に入りましたから、営業に移動して最初に学んだのはアメリカの法律です。日本と米国双方の法律を順守する必要があったからです。でも日本の法は「ザル」ですから、学びませんでした。

気に入ったのは「ロビンソンパットマン法」という、三倍損の法です。悪いことをしたら与えた損害を三倍にして返さなければならないという法律です。

対して日本の法律では、いつも企業寄りで、抑止力としてほとんど効果が認められません。

罰則はもっと厳しくして悪いことは引き合わないという当たり前の常識が誰にでも通用する仕組みが必要です。

④いくら安全安心を担保できる制度と抑止力ある罰則の法整備といっても、百姓が元気になって農業が活性化されなければ根本の問題は解決しません。

農業／食はマズローの法則で最上位の重要度があるのに、実態は産業界の輸出政策の人質として先進国中最低の自給率で、その最低の自給率をさらに下げる施策のオンパレードでは百姓がやる気になりません。

問題は山のようにありますが、私から見た最重要課題は、お百姓さんがつけた付加価値の手取りです。

最終消費者が支払った対価に対するお百姓さんの手取りは約二五％です。七五％を流通と小売りが取っています。これではいくらお百姓さんがコスト削減努力をし、経営努力をしてもまるで奴隷のように食っていくこともままなりません。

「衣食足りて礼節を知る」といいます。衣食足りていないのであれば、モラルの高い行動を求められても背に腹は代えられない事態も想定できます。

具体的な数字を出すと、お百姓さんに**付加価値対比六〇％の手取りを保証すべき**です。流通は生産者と小売りの間に最多二者しか認めない。標準は流通一〇％、小売り三〇％です。

そうすれば今回のような汚染米の転がしで何十倍も価格を膨らませて暴利をむさぼることもできないし、流通過程をトレースして追跡することも容易で、栽培管理記録簿などという野暮なものは不要です。

ついでに流通と加工業者の半分には、お百姓さんになってほしいです。

⑤最後は農薬です。たぶん結局は農薬の問題が一番心配なのではないでしょうか？

日本の農業は多投型です。私はＬＩＳＡ（Low Input Sustainable Agriculture）を目指していますが、一般的には**肥料も農薬も過剰投入です。**

問題が山積です。私は農薬に環境税を課すのが必然だと思っています。

最初は農薬価格の三〇％ぐらい、最終的には三〇〇％以上。環境負荷により、税率を変えてもよいと思います。

農薬を買うときには作物と散布時期、濃度、散布手段と量などを申告して購

入する。そして申告違反には罰則を用意する。

これならば栽培管理記録簿などなくとも、販売段階で規制をかけられるし、間違いも防げます。

このような制度を採用するならば、農薬による環境への影響も激減するでしょう。地球の安全のために農薬会社の半分には業務内容を変えてもらいましょう。

ただし消費者の外観過度依存症対策を施策として用意し、消費者意識改革もまた必要になります。

たとえば、このように仕組みで食の安全安心を担保し、合わせて食料安全保障も確保する。これが私の夢です。

3

農を次世代に託す

農を廃業する！

農を次世代に託す

百姓になって植物や動物と向き合い、彼らの生き死にと向かい合うことが長くなるにつれ、自分を含めた生物の存在理由が次第に見えてくる。

ぶどうの場合、桃の場合、酵母菌の場合、大腸菌、日本ミツバチ、人間の場合とそれぞれその手段は微妙に異なるが、終局的にはそれぞれがその祖先から委ねられたＤＮＡセットを将来の世代にそのまま引き継ぐ役割を担っている。

そのためにはカマキリのオスは生殖とともにメスに食べられて直接的にその肉体は子ど

もたちの栄養になる。

その他の種でも押し並べて自分が長生きすることよりも種のＤＮＡセットを保存するほうを優先している。

私にはただ人類だけが自我が突出していて自身が長生きするため他の種のＤＮＡセットを破壊するのみならず、人類のＤＮＡを壊してまで個人の存続を追い求め、結果として種の存続を危うくしていると見える。

私が五〇歳で百姓になったとき、**七五歳が定年だ**と最初から決めていた。

どうして七五歳という年齢を定年としたかといえば、土地や施設や植物など、百姓には自分の始末以外に配慮すべき要因もたくさんあったからでもある。

定年を迎え、いざ次世代に農を託すときに慌てるよりも、いまから責任ある「引退」を考えておきたい。

農業の後継者問題はこれからますます大きな課題となるだろう。後継者について、農家の最重要財産である技術の移転について、将来の農業について考えてみたい。

廃業の最適過程は？
途中経過のビジネスモデルは？
廃業の定義は？

など考慮すべき点は多い。

『農で起業する！』の伝でいえば、または『農！黄金のスモールビジネス』の例に倣えば、ある程度試して、実証してから発表するべきだが、その手法だと発表するタイミングは自身のＤＮＡセットを次代に委ねた後の可能性が高い。

したがってこのさいはフライングもあえて許していただいて、計画段階で発表することにする。

いまの「廃業モデル」は義務を果たしていない

「蕨野行」（コラム1）という映画を見て、絶えて久しい強烈な感動を覚えた。年寄りが家族や集落の存続のために自ら姥捨て山に行くという、むかしから日本には語らずとも密かに伝わった種を保存する手立てがあった。

後期高齢者医療制度がけしからんとか、医療給付が云々と声高に語る老人を見るにつけ、この人たちは勝手な人たちだなーと、悲しくなる。

現在の制度と思想を演繹すれば人間社会は高齢者の重みで崩壊する。

私は生まれた赤ちゃんに二〇歳になるまで選挙権を与えないのだから、老人も**六五歳になったら選挙権を剥奪すべきだと考える。**

コラム1　蕨野行

恩地日出夫監督、市原悦子主演の映画（二〇〇三年公開）。村の年寄りが六〇歳を過ぎると集落と若者達を生き残らせるために自ら蕨野と呼ばれる原野に年寄りばかりが集団で移住する物語。その掟は年寄りの間で語り継がれ実行される種を保存するための仕組みである。年寄りたちは春から夏にかけての農繁期村にくだり、仕事を手伝い食事をいただくことはできる。が、村まで自ら下れない者は食事をもらうことは許されない。蕨野の集団生活の中で狩猟や採集は可能だが、やがて農閑期がきて村に下れなくなり、秋から冬になり、雪に閉ざされるようになれば蓄えもつき、狩猟もままならなくなるにつれ自然に年寄りたちは死に絶えて逝く。

現代の年寄りたちが自分たちの覇権主義のためにＯＤＡをばらまき、米国の戦争政策を支援して日本を借金大国にし、国・地方合わせて一〇〇〇兆円もの借金のツケを孫子に押し付けて、後期高齢者医療制度を声高に批判する姿勢とは対照的な存在と見える。

この社会の将来に対する決定権を若い人たちに委ね、老人は助言や援助をしてもよいが、圧力をかけてはいけないという、最低限の種の保存法則にのっとった行動様式に転じるべきだと信じている。

そしてそのためには若い人達の愛情や憐れみに身を任せることなく自ら身を引く勇気が必要である。

現在の日本では、農業の廃業モデルは圃場も、施設も、樹も何もかもうっちゃってほったらかしにする形態が目につく。日本の食料政策の貧困がもたらした帰結である。

私の家の近くにもそのような放棄園が複数個所の鬱蒼とした雑草や雑木林、竹やぶになっている。このような状態が農政の崩壊をまさに露呈している。

これはとても無責任な、特に農業者としてははた迷惑な廃業の仕方である。

農業者は他の人々と違って土地を特別な待遇で保有する特権を有しているのだから、それに伴う義務も履行しなければならない。すなわち土地（コラム2）という公の資産を預かっているという意識で、土地を荒らさず、有効活用して保有し、自身が活用できないときにはその権利を返上し次世代に引き継ぐ責任を果たさなければならない。

土地を荒れ放題の雑木林にし、竹藪、ジャングル状態にして管理しなければ、その土地を没収し、国有にするという法律が必要である。

コラム2　土地

農家の所有する土地は農地法で特別に優遇されている。そのため農家は安い価格で購入できるし、固定資産税も夕ダ同然である。農業を営むためならそれを有利に活用する権利を有する。権利を有するということは必ず義務も抱き合わせで伴う。しかし農家の中にはその義務をしっかり認識しないで、その土地を資産価値の向上の具と考え、ほったらかしで藪にし、耕作をしない者がいる。特別な権利を守られているということは耕作をしてもらって食料生産を委ねるためなのだから、耕作をしないものからその権利を剥奪すべきである。私は土地の価格の中身を三分の一所有権、三分の二耕作権と分け、耕作放棄者は年十分の一ずつ権利を失う仕組みが有効だと思う。耕作権の消失が十分の三を超えたら耕作権を行政が本人の同意なしに転売できる仕組みが必要だ。

本人が耕作していない土地の所有権には高い税を課してもよい。

継承を余儀なくされる廃業モデルの場合

次に考えられる廃業のモデルは経営者の病気や死亡などで想定外の人や想定外の時期に突然経営の継承を余儀なくされる場合である。

これもよく聞く。

あとを継いで農業をはじめる人には家の田畑をほったらかしにはできないという農業固有の責任感に突き動かされた人が多い。

だが、この場合も責任感だけでは経営は軌道に乗せるのは極めて困難である。

だから、常日頃経営の移譲や技術移転のための準備をしておく必要がある。

準備さえしておけば、比較的スムーズに経営の移行ができる。この準備については本章で詳しく提案する。

三つ目の継承モデル

三つ目の経営移譲形は共同経営の後で後継者に引き継ぐという形態である。

これはもっとも望ましい形であるが、問題もある。

私の友人たちでこの形態をとっている人はたくさんいる。が、いずれも問題を常に抱えている。

一方が他方を共同経営者とは捉えず、ただの作業員と考えてしまう場合、「ただの作業員」として扱われるほうは大きなストレスを感じる。

だからといって、二人とも社長になってしまった場合は、最終意思決定者があいまいであるために路線対立が激化してしまう。

このような対立が原因で破たんした例を数件見てきている。

さらに一方が税法上の経営者で、もう一方が事業専従者になる場合。

たとえば息子さんが経営者になり、奥様と両親夫婦の三人が事業専従者になる場合、三人に専従者給与を支払う。

しかし経営者からは専従者給与を支払っているのに働かない、働きが悪い、経営者の方針に沿った働き方をしないなどの対立が生じやすい。家族であるから甘えが生じやすいことも一因となっている。

他方では経営と同時に資産も移譲するのだから専従者給与をタダ取りしても当たり前という観念が旧経営者にある場合も「言いづらい理由」としてコミュニケーションギャップを生む。この例もたくさん見聞きしている。

以下に議論するのは第四のモデルで、**「後継者がいつでも引き継げる形態を維持しつつ、自分の健康管理モードで経営を、または圃場管理を継続する」**という長ったらしい形を考えている。この形態を以下に詳述する。

図20は就農した一九九〇年以降の経営を起点に将来を見据えたモデルを考えた。

図20　経営プラン

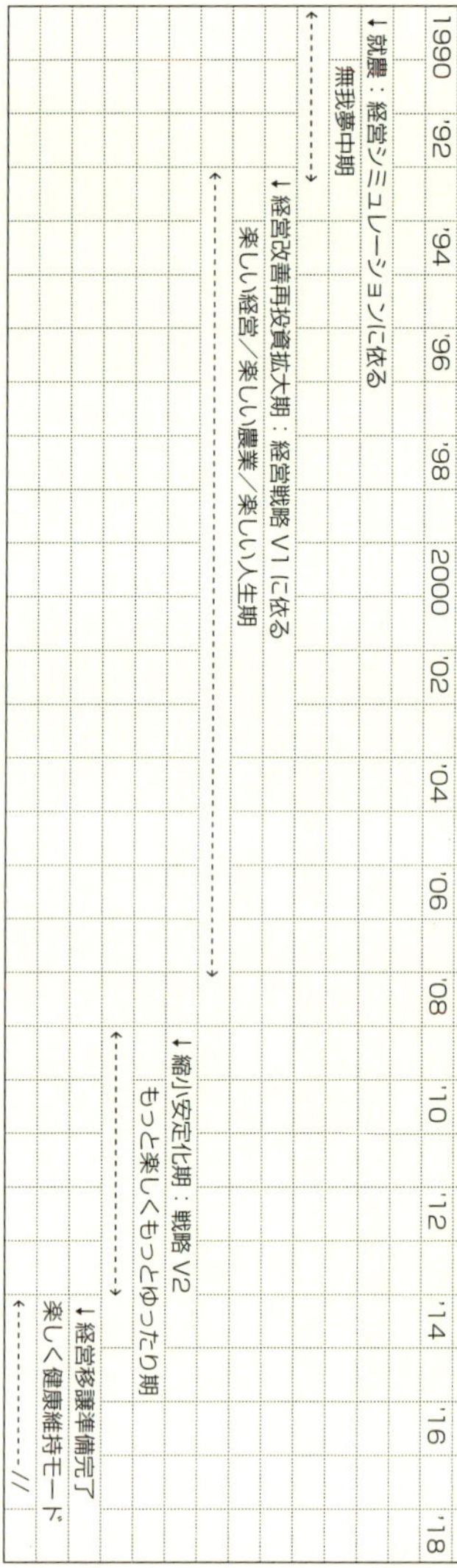

一九九〇年から一九九二年は一九八九年一一月に行った農業経営及び生活のシミュレーションに基づいて、その実現のために努力した、いわば「無我夢中期」と位置づけられる。

その期間は将来展望よりもそのシミュレーションを体現化することに努力の方向付けがなされた。その展望がほぼ見えた段階の一九九二年末、経営戦略のＶ１（バージョン・１）を策定し、五年計画で取り組んだ。

この戦略／戦術／目的（Ｓｔｒａｔｅｇｙ／Ｔａｃｔｉｃｓ／Ｏｂｊｅｃｔｉｖｅｓ）はたまたま良くできていてその後六年目には目標とする経営状態を達成した。

一六年間手を加えずに、現在まで良い仕事の指針となったのは良き指導者や友人たちと巡り合えた賜物であろう。

その一六年間を図では「楽しい経営／楽しい農業／楽しい人生期」と名付けた。

現在、当初私自身百姓としての定年の目途とした七五歳を五年後に控え、次の段階に向けて軟着陸を目指すために見直してみると、いくつかの問題点も見つかった。

ここで次ページ図21の経営戦略の1、小規模経営の戦術の最後に規定した3・2・3ガイドラインの最後の「3」が示す夫婦二人の年間総労働時間、三〇〇〇時間の目標を六年目の一九九八年に達成している。1章53ページに労働時間の変化を示した図を載せた。その図をもう一度見ていただきたい。就農後の毎年度ごとの労働時間は次第に三〇〇〇時間に落ち着いている。その次の図6、二〇〇七年を例にした月ごとの労働時間の変化が効率を追求した結果である。

図21　**私の農業経営戦略（V1：1992年版）**

項目	戦略	戦術	目的
1	小規模経営	目標とする業容を明確にする □自分で売る □拡大しない □低効率分野の削除 □専作に絞らない □３・２・３　ガイドライン	最少のリスク、高い自由度
2	数値に基づく管理	管理情報処理体系（MIS構築） □全情報をPC上に構築 □無作為 □時間／収支／コスト管理	再現性と記録性
3	展望と予測を持つ	将来を読んで行動する □他人の後追いをしない □自分固有のアイデアで勝負 □徹底した文献調査 □高い研究研修費率の維持 □シミュレーション	先行性の維持
4	個人専業	自家労働 □アルバイトしない □アルバイト雇わない □雇用で規模拡大しない	高効率で高い安全性
5	顧客の満足が資産	対面応対が基本 □コミュニケーション □顧客管理 □作業標準の徹底	安定顧客政策

図20で定義した次の期間「もっと楽しくもっとゆったり期」に移行するには図6の五月及び八月の労働負荷が過大と考えられる。

就農前シミュレーションを行った一九八九年一一月の時点で夫婦二人の月間最大労働時間は四五〇時間未満が好ましいと設計していた。

にもかかわらず効率を上げよう、生産性を向上させようと努力し、かつまた販売期間を最短の時間内に終了しようと試行錯誤するうちにいつの間にか労働の瞬間最大負荷が想定値を超えていた。

全体的な効率性は良くなっているものの、あまりにも負担が大きい月がある。これは放置すると肉体的にも精神的にも目に見えない疲労の原因になる。

そこで二〇〇九年から始まる五年計画で新たな経営戦略を準備して改善することにした。

図22は新たな「もっと楽しくもっとゆったり」農業経営戦略である。

年間労働時間を約一〇〇〇時間減らし、同時に労働のピーク負荷を減らす一方、経営の柔軟性はさらに向上させる方向での改革を行う。

この「もっとゆったり戦略」は急造の暫定的なものだが、現場適用試験を行いながら数

図 22　「もっと楽しくもっとゆったり」農業経営戦略（V2：2009 年版）

項目	戦略	戦術	目的
1	小規模経営	目標とする業容を明確にする □直販比率を 100%とする □さらに縮小する □ピーク負荷を 400 時間／月以下にする □より粗放性を受け入れる □ 4・3・2 ガイドライン（コラム 3）	ミス許容経営
2	数値に基づく管理	管理情報処理体系（MIS 構築） □全情報を PC 上に構築 □モジュール構造のマニュアル化 □経営と技術のデジタル化	経営移譲準備の完成
3	展望と予測を持つ	将来を読んで行動する □他人の後追いをしない □自分固有のアイデアで勝負 □徹底した文献調査 □高い研究研修費率の維持 □シミュレーション	先行性の維持
4	個人専業	自家労働 □アルバイトしない □アルバイト雇わない □雇用で規模拡大しない	高効率で高い安全性
5	顧客の満足が資産	対面応対が基本 □コミュニケーション □顧客簿ダウンサイジング □作業標準のフェイルセイフ化	安定顧客政策

年で完成度を高めたい。
しかしこれは過渡期の五年間だけに適用する戦略だから、最終的な「経営移譲準備完了：楽しく健康維持モード」モデルに移行するまでの二〇〇九年から二〇一三年までの過渡期の五年間だけに適用するモデルと位置付けている。

コラム3　4・3・2ガイドライン

労働生産性を四〇〇〇／時間以上、直接経費を引いた労働収益性を三〇〇〇／時間以上、年間総労働時間を夫婦2人で二〇〇〇時間以内に収めようとする経営の指標。規模縮小で生産性、収益性とも大幅に効率を向上できる。労働時間は年間当面一〇〇〇時間の削減を目指す。その結果利益は縮小前と不変。と超楽観的な予測をしている。

その後にPPK（コラム4）戦略が二〇一四年から始まるので、そのための戦略V3をそれまでに完成する必要がある。

そのためには健康が維持できるように仕事は死ぬまで続け、その中から生活費も最小限度確保できる経済活動を継続して誰にも迷惑をかけない、ライフスタイルの設計をすることが必須だ。

コラム4 PPK

ピー・ピー・ケーと発音する。ピンピンコロリの略で昨日までぴんぴんしていたのに、あの方逝っちゃったのー!! という感じの理想的な逝き方。常に思い残すことがないようにしたいことはすべて行って、介護やボケなど周りの人に迷惑をかけずに、誰にも看取られぬ突然死が望ましい。

最後まで楽しむ理想的な生き方を求めて

昨日家の近くを散歩していたら、私が就農したときに助けてくれた老農夫が圃場で作業しているのを見かけた。

もう八八歳を超えている。

普段は電動車いすで出歩いているよぼよぼの年寄りが、ダンプ荷台付きの運搬車で畑に入り、フォークで雑草の残悍を集めて載せ、搬出し、圃場整備していた。

その後一〇〇キロ以上重量がある手押しのディーゼル耕運機を操作している。びっくりした。

普段はシニア・カーと皆が呼ぶ電動車いすで移動していて、車から降りるときには杖をついてよたよたしているのに、耕運機のハンドルを握ったり、フォークを持った途端に腰がピンとして、耳も急に聞こえるようになるらしい。

家族もよく心得ていてあれはだめだ、これは危ないから止めろなどとは言わない。元気のもとは畑で何か仕事をさせてやることだと知っている。

私の理想である。

幾つになっても動きはのろいが何でも自分でする。それで畑でばったり倒れて逝ければまさにＰＰＫ（ピンピンコロリ）の理想形である。

私の周りには奥様を先に失い、八〇を過ぎてから再婚した元気印農夫も二人いる。二人とも軽トラックをビンビン乗り回して農作業を止めそうにない。

先日もぶどう園で作業していたら突然訪ねてきて、麦の種はないかと聞かれた。どうするんですか？　と聞いたら、栽培して自分で食べるのだという。

そのように生きたい。

そして逝きたい。

自然いっぱいの田舎だからこそ可能な幸せな生き方、逝き方であろう。

責任ある撤退プラン

「農を廃業する」考え方の概要を章の冒頭で述べた。
ここではもう少し詳しく各論を書いてみたい。

農の廃業の仕方、事業継承の仕方は個々の事情、家族や親類関係、圃場と作物などなど関与する要件があまりにも多く、一概には論じられないが、基本的な問題について整理しておき、可能な限り、現在の経営モデルが順調に回っているときに次の手を打っておくのがよい。

私から言わせればほとんどの経営体が、先行した配慮がなかったり行動が遅すぎて、ま

図23　農業経営撤退モデル

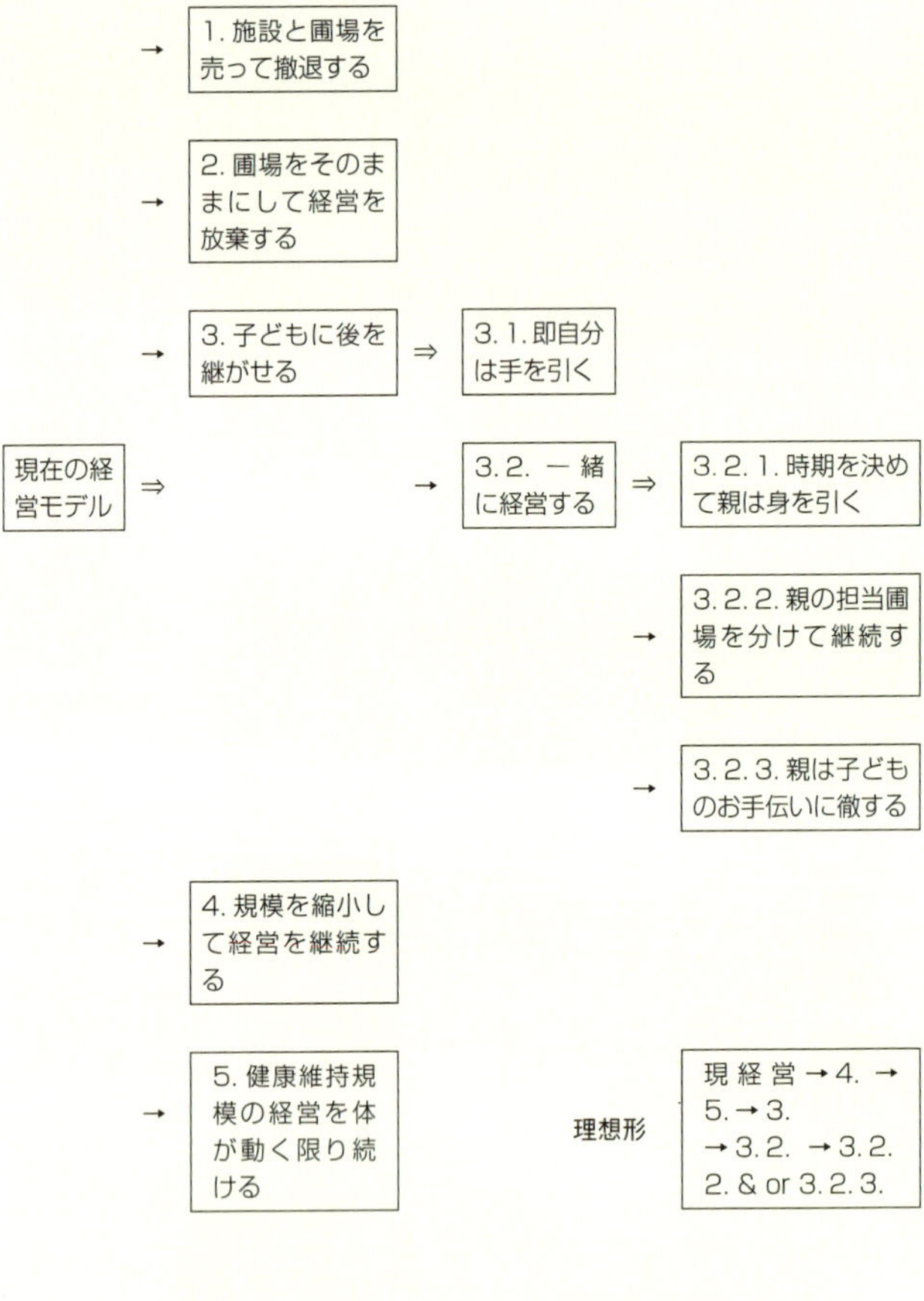
現在の経営モデル
1. 施設と圃場を売って撤退する
2. 圃場をそのままにして経営を放棄する
3. 子どもに後を継がせる
3. 1. 即自分は手を引く
3. 2. 一緒に経営する
3. 2. 1. 時期を決めて親は身を引く
3. 2. 2. 親の担当圃場を分けて継続する
3. 2. 3. 親は子どものお手伝いに徹する
4. 規模を縮小して経営を継続する
5. 健康維持規模の経営を体が動く限り続ける
理想形
現経営→4.→5.→3.→3. 2.→3. 2. 2. & or 3. 2. 3.

たはまったく将来展望への計画立案も熟慮もなく、そのときを迎えて右往左往し、結果としてうまくいくべき経営が身動きできなくなってしまう例が多い。

これはとりわけ農業が特殊なわけではなく、どの産業分野についてもいえることだと思う。議論を見えやすくするために、農業の廃業に至るモデルを簡単に図式化してみた。この図に沿って順に考えてみよう。

1．施設と圃場を売って撤退する

現在の経営環境では農業の後を継ぐ者が皆二の足を踏む。農業が楽しくなさそうだし、文化的な生活から取り残されてしまうという恐怖感からだ。だがサラリーマンは農家よりもさらに不安定な身分、生活スタイルに変わりつつある。

一朝食料危機が来れば、そして食料危機はまさに目の前に迫っているが、そのときもはやサラリーマンでは食生活は維持できない。

都市住民は日本の食料自給率のもとでは一気に乞食に身をやつすことになるリスクを抱えている。

しかしそれが見えない農家は土地の管理にかかる人手を重荷に感じて、圃場を売って撤退する人がいる。

その土地を買った人が、きちんと土地を有効活用して生かしてくれれば良いが、そうならない場合が多い。

私の周りにも放棄された圃場が目につく。

問題は本人には残らないが、残った圃場と周辺の農地を栽培管理する農家に及ぶ。

荒れた農地を減らすために農業委員会が圧力をかけて、「本人に農地を管理できないのなら、手放してほかの人に管理を委ねるように」と助言することもある。

しかしそのような農地はなかなか買い手がつかないから頼まれて買った人も十分な管理ができない場合が多い。あちこちに分散した飛び地を取得しても移動に要する時間や細切れ作業準備時間のために、規模拡大の効果を減らしてむしろ効率が下がるからである。

これらの問題は、日本の農地法が所有権と利用権、活用義務を一体化させていることと、利用権の市場価格と活用義務のコストを市場原理で再定義して流通させる仕組みを持たないことにあると考えている。

要するに法律の制定にかかわっている人たちの怠慢だと思う。

2. 圃場をそのままにして経営を放棄する

いわゆる耕作放棄地の問題である。

隣接地の農家にとっては迷惑以外の何物でもない。害獣の格好の棲みかになるし、害虫や病害の集積地になってここから飛散するいろいろな障害が周囲の圃場に襲いかかる。

いつの間にか竹藪になるし、その竹が地下を這って圃場に侵入し、タケノコがあちこちで出てくるケースもある。地下に入り込まれたら、絶やす方法は天地返ししかなく、上に施設がある場合はその施設を撤去する以外に方法がなくなる。

雑木はいつの間にか一〇メートル一五メートルの高さに天を覆い、隣接地が日陰になり、つる草が這い進んで、周辺の施設に這い上がり始める。

自分の作物管理の戦いのほかに、他人の圃場から襲来するあらゆる害との戦いが周辺の農業経営者にのしかかってくる。

前節でも述べたが、農地保有者が農地法で保護されているのに、その権利と一体の義務のほうを果たさない、現代の自分勝手な風潮による人災ともいえる。

この撤退モデルは絶対に容認できない。

農地法の改正が必要である。

3. 子どもに後を継がせる

ここでは「子ども」という表現を用いているが、兄弟でも親類でも他人でも誰でもよい。経営を移譲する対象を仮に「子ども」と表現したにすぎない。

したがって自分の周りの例に置き換えて考えていただきたい。

後継者への技術移転に要する時間と、完全に自分が経営から手を引くまでの経過形態と時間で分類している。

これは理想的な廃業モデルだと思う。

が、しかし周りを見るとそれが必ずしもうまくいっていない。問題点を列挙してみると以下のような点が見えてくる。

それぞれの点について、少し考えておこう。

a）親が経営主体を維持する場合

親に近代農業経営の指導能力があるか？


親が経営主体を維持する場合で、親は自分のやってきた農業経営に自信がある。

子供はとても頼りないと信じている。

これはほとんどの場合、親の誤解である。

ほとんどの親は明治・大正ならいざ知らず、二一世紀の農業経営能力はない。また時代に合った経営体に改善する知識も能力もない。そのことに気づかずに子供には任せられないと勝手に誤解している。そのような場合、親子の意見が対立してうまくいかない。

私の周りでもせっかく一度は双方が協力して経営を引き継ごうとしたのに、親子別れしてしまった例は少なくない。

自分の技術をスムーズに子どもに移転するための仕組みが用意できるか?

これは本書のなかの主要なテーマのひとつだ。2章で触れたが、従来型の農業経営者は技術の伝承や経営技術の移転などを文書で引き継ぐ訓練をどこでもしていないし、この産業界自体にない。

「見て盗め」とか「見よう見まね」などという言葉を弄して、自分が速やかに、かつスムーズに、さらに最小のエネルギーで子どもへの技術移転を完了するための仕組みや方策を確立する努力を回避するほうに手を抜いている。

具体的メッセージ、提言、方法論を欠いたままでは、子どもはどうすればいいか困惑するだろう。せっかくこれまで自分が蓄えてきた一番の財産（農に関するあらゆるデータが農家にとって何よりも財産である）を譲らずに、そのままドブに捨てるようなもったいない真似はしてはならない。

要するに子供が頼りないと言いながら、実は親が一番頼りないのである。

だからどうしたら間違いなく技術や経営知識を譲り渡せるかわかっていない。

子どもを無料の労働力として処遇していないか？

この場合は私の見るところ、結構多い。

子どもは拙い知識なりにいろいろ考えている。

しかし親はそのアイデアなり、工夫を門前払いして単に無料の労働者としてしか処遇していない。

まだ勉強中だとか、任せたら経営がつぶれるとか言い訳をして、**子どもに失敗するチャンスを与えていない。**

実は失敗が一番有効な先生なのだから、経営に響かないような規模と範囲でいろいろな実験圃場や「チャレンジ圃場」を任せて、失敗させ学習させるのが、一番良い。

そうすればただ黙々と働かせられるより、一生懸命工夫して失敗し、早く有望な経営者の素質を身につける。

「無料の労働力」扱いでは、子どもは工夫する余地もなければ、楽しみもなくなってしまう。

こうして子どもを腐らせてしまうのは、もったいない。

子どもに事業専従者給与を支払う形を取り、実際に支払わないで、満足してくれるか？

生産性の低い農業経営では事業専従者給与を親が子にであれ、子が親にであれ、そのまま全部額面通りに支払っていたら、経営の発展は望めない。

当然、帳簿上はそのような扱いをしても実際にはそれが生活費になったり、経費処理できない支出に振り向けられる。

しかし、この点について話し合いがきちんとできていないと、またそのルール、仕組みを双方納得づくで取り決めておかないと、誤解や相互不信の原因になりかねない。

ここも「親子だから」とあいまいにしておかないで、きちんと明確に方針を作っておくことが必要だ。

そこは一緒に始めるときに十分議論を尽くして相互理解を深めておく必要がある。

子どもの活力、エネルギー、新しい考えを経営に取り込んで近代化ができているか？

後継者候補は経験不足でも、幼くても、それぞれ考えるところはある。

また、もしそのような考えがないのであれば、アイデアや改善提案をどんどんする土壌を積極的に作って育てていかないと、考える習慣、工夫する習慣がなえてしまう。

二一世紀の農業経営は昨日のやり方を今日も明日もしているようでは遠からずつぶれる。失敗しても常に工夫と改善、チャレンジが必要である。

その意味で、古い考えや習慣、なれあいに毒された古い経営者、親にとっては後継者は格好の先生であるし情報源でもある。

子どもにどんどん研修の機会を与え、持ち帰るものをどんどん試させて、経営改善に取り組むのは親自身にはできないチャンスである。

この機会を逃すべきではない。

b）継ぐ子が経営主体になる場合

親と子ども二人社長の経営になってしまわないか？

人が二人いれば当然二人の考え方は違う。

何か意思決定するときに意見は衝突する。

そのときに、もし経営主体を子どもに任せて与えたのならば、親は後継者に従わなければならない。

これが従えない親が多い。

親が勝手に「趣味の農業」を始めたり、経営者が優先的に処理したい仕事を協力して行わず、自分で作業手順や優先順位を決めてしまう。

若い後継者としては親に意見できないから心のなかで泣いている。

しかし、一度任せたのなら親は従わなければならない。もし従えないのであれば、経営を分割して二つの経営体にして自分の経営で勝手をするようにしないと、税務署対策だけの経営移譲は失敗する。

子どもが親のいいなりの、自立心も信念も、近代的思考能力もない子で成功できるか？

税務署対策や農業者年金対策で経営移譲した場合、こんな状況が想定できる。世の中二世ばやりだが、政治の世界でも芸能界でも能力と無関係に形だけ継承させると、悲惨な結末が待っている。

風林火山の武田信玄ではないが、責任者になって親が言うことを聞かなかったら親の首を切るぐらいの迫力が経営者には求められる。

さもなくば親は無定見に子どもに経営を任せるべきではない。別に後継者を探すべきであろう。

親が子どものいいなりで成り立つか？　子どもの無料労働力で満足できるか？

これは前項の逆ではない。

親は子どもの無料労働力で満足すべきである。

そのぐらいの覚悟で経営の移譲をするべきである。

さもなければ別の経営形態、または異なる移譲形態を取るべきである。

私の知人の一人に素晴らしい見識をもった息子さんがいて、彼が経営を引き継ぐ決意をしたのに、そして親よりも息子さんのほうがはるかに発展性もあるのに、親が子どもの無料労働力になるのは嫌だとせっかくの合意を壊してしまった例がある。

しかし親が突っ張らなくなるまで待っていたら、結局息子さんのほうの人生計画が狂ってしまうから、事業継承ができなくなって、息子さんは別のライフスタイルの選択に走る可能性もある。

両親が事業専従者給与をもらう場合、それに見合った加勢ができているか？

事業専従者給与を両親とももらう場合、どの程度の労働力として期待されているか？そのうち何パーセントが節税対策なのかなどを、予めはっきり決めておいたほうが良い。

私の友人の中には親が大金を取っているのに、働きが悪いと不満を抱える者もいる。

これは親の責任が大きい。

子どもは親にはなかなか説教ができない。

だからそのぶん親が気を使ってやるべきだ。


親は事業専従者給与をもらうだけで何も手伝わず遊んでいないか?


この件は親の働きが悪いという意味で前項と同じことでもあるが、親の中には事業資産や土地家屋などを子ども夫婦にあげるのだから、事業専従者給与は労働の対価ではないと思っている人もいるかもしれない。

しかしそれは子どもを経営者にするときに、別の言い方をすれば自分が表向き引退するときにきちっと話し合って、事業専従者給与の中身をお互いどう解釈しているかなど、合意を作っておくのが良い。

可能ならば経営移譲兼資産移譲契約書を作っておくことができればお互いに認識のすれ違いが生じない。

親は子どもの失敗を見ていられるか？　失敗させる広い心を持っているか？

基本的には失敗させてやるのが親心だと、私は信じている。

ただし全経営を、全資産をかけて大勝負をしてはいけない。

それは止めたほうが良い。運が悪ければ、親も子も双方とも路頭に迷う可能性がある。

農業経営は着実に少しずつ結果を検証しながらチャレンジと投資、改善を繰り返してゆくのが良い。

その意味でも小さな経営を勧めるし、一九九二年版経営戦略の小規模経営、戦術の4番目、「単作に絞らない（モノカルチャーの否定）」はそのリスク低減のためにある。

しかしそのリスク管理ができていれば失敗はすればするほど経営者は強くなり、将来の安定性も、成長性も盤石のものとなる。

3．1．即自分は手を引く

親が子どもに後を継がせた場合、子どもにある程度能力があり、かつ自分に子どもの邪魔をしない仕事があれば即自分は手を引くのが望ましい。

必要な時や子どもがわからないときは質問してくるし、ＳＯＳを出してくるからそのとき、はじめて助言すればよい。

このような立場を取っていれば、子どもの依存心を助長しないし、それだけ早く自立し、成長する。

少々のことは失敗したほうが良い。

技術的奥行きのあまり深くない農業経営の場合には最適な撤退の方法だと思える。

3.2. 一緒に経営する

技術的奥行きが深く、仮にマニュアルなど技術資料を十分渡したとしても、なお理解には時間を要する経営体では、一、二年親が経営主体になって共同経営するのもよいと考えられる。

が、それも**三年が最長**だ。

長くなりすぎると甘えん坊を育てるだけである。

私の友人のところで農業研修している人を見ても、能力があるのに自立しない。それらはすべて清水の舞台からジャンプするか否かの問題で、時期を逸するといつまで経っても飛び降りない傾向が強い。

早めに背中を押してやることも必要。

3．2．1．時期を決めて親は身を引く

一、二年、最長で三年一緒に経営したら、親は自分のすることがあれば、なるべくすっぱりと身を引くのが望ましいと考えている。

新しい経営者が早く自立するし、いままでの古い経営方式を打破して改革を断行し、21世紀型の経営モデルに早く移行できる。

親は頼まれたときにしか口をはさまないで、ほったらかしにするのが望ましい。

3．2．2．親の担当圃場を分けて継続する

親が農業しかすることがなく、または農業を生きがいにしているなら、取り上げるの

は酷だし、無理にやめさせれば精神的に健康を害する。

かといって子どもに全面的に経営を任せるのではなく、自分で経営を行いたいと考えている場合はどうするか。

その場合には、**経営をきちんと分離させること**。

担当作物か、圃場か、施設を完全に分けて別経営体といえるような状況で農業を続けるのが望ましい。

私の周りにもこのような経営モデルで、生き生きとお百姓さんをしている人たちがいる。子どもたちのところが超忙しいときには頼まれて応援するが、ほかの時期には自分たちで好きなように農作物を作り販売し収入を得ている。

3．2．3．親は子どものお手伝いに徹する

この場合は、親は余計なことは考えない。

とにかく子どものためにただの労働力になって、ひたすら自分のペースで子どものお手伝いをする。

事業専従者給与も子どもは経理的には計上しても親は要求しない。

最も平和で、親の健康維持にも大いに役立つ。

このモデルで成功している人を私はたくさん知っている。

親の人間性が優れている、頭の下がるような人に多いモデルである。

無欲でとことんお手伝いに徹することは、なかなか凡人には難しいが、最もハッピーなスタイルである。

このモデルには九〇歳を過ぎても元気はつらつとしているお年寄りが多い。

肉体的にも、精神的にも安定している証拠だと思える。

4. 規模を縮小して経営を継続する

子どもが引き継ぐにはまだ準備不足な場合、この選択肢がある。

子どもは民間企業で人間関係や、経営、マーケティングなど農業分野に参入する前の研修期間中である場合、親はその間経営を継続しなければならない。

むしろ厳しい民間企業でもまれにもまれて、少々の困難にはへこたれない、お客様に怒られる訓練もぜひ十分にしてきてもらいたい。

農業に参入したら、めったにとことん怒られるチャンスなどない。

しかしそのような経験は人間を成長させる。

それによって痛い目も経験し、そこから立ち上がるバイタリティーも培ってから、農業に参入すれば怖いものなしである。

5. 健康維持規模の経営を体が動く限り続ける

4の規模を縮小して経営を継続する、は労働時間と売上は減らすが、利益は減らさない、より高度な最適化を目指したぎりぎりのスリム経営を意図している。

それに対し、加齢による効率低下やスピード低下を受け入れて健康維持規模、九〇歳まで現役可能なＰＰＫモデルを想定している。

したがって、このモデルはあくまでも圃場と施設の管理を一〇〇％行いながら自分のお小遣いは自分で稼ぎだす**「超最適化スリム経営モデル」**を目指している。圃場管理の責任と、施設管理の義務を果たしつつ、より質素な水準に昇華した生活費も稼ぎ出しつつ、いつでも元の現状経営モデルまで戻せる状態、顧客管理や市場管理は継続するアイドリングモードでの経営を意味する。

葡萄園スギヤマが目指す理想の撤退モデル

我が葡萄園スギヤマが目指す理想の農業経営撤退モデルは、208ページのチャートをもとにして説明すると、左図のようになる。

ここで3．2．2．は実質的には「5．健康維持規模の経営を体が動く限り続ける」に戻ることと基本的には同じである。

「現経営のどの部分を自分が担当するか」という違いだけで、基本的に健康管理と圃場管理を両立させるという点で何ら変わりはない。

さらに「3．子どもに後を継がせる」はこのチャートでは5の後に書いてあるが、当然

図24 **農業撤退プラン**

現　経営

4.　規模を縮小して経営を継続する

↓

5.　健康維持規模の経営を体が動く限り続ける

↓

3.　子どもに後を継がせる

↓

3.2.　一緒に経営する（2年）

↓

3.2.2.　親の担当圃場を分けて農業を継続する

または

3.2.3.　子どものお手伝いに徹する

4の途中から以降、5の途中を含め、任意の時期に移行する可能性を想定している。

以下すでに動き出した我が葡萄園スギヤマの「4. 規模を縮小して経営を継続する」のモデルを具体例で説明する。

このモデルは「縮小安定化期：戦略Ｖ2、もっと楽しくもっとゆったり期」の段階に移行することを意味する。

二〇〇八年を農業経営の第二段階、「楽しい経営・楽しい農業・楽しい人生期」の最終年と位置付けているのだ。

次の五年間に200ページに示した戦略Ｖ1：一九九二年版から、202ページに示した「もっと楽しくもっとゆったり」農業経営戦略Ｖ2：二〇〇九年版へ舵を切る。

「もっと楽しくもっとゆったり」農業経営戦略 V2：二〇〇九年版

二〇〇八年九月はじめに観光農園の販売活動を終了した直後から、この戦略V2を想定した改革を急ピッチで開始した。

最初の改造は、現在ある第一ぶどう園三四アールと第二ぶどう園一八アールのうち**第二ぶどう園を廃棄する作業である。**

第二ぶどう園のぶどう樹をすべて切り倒し、棚の上の枝を除去、搬出した。

次いで施設の解体掘り上げ、搬出である。

たまたまインド・中国バブルの最中で、クズ鉄市況が一キログラム当たり六〇円台まで高騰していたので、クズ鉄としてすべて提供するという条件だけで無料で解体・掘り上げ・搬出を業者が受けてくれた。

実際に解体にかかる時にはそのクズ鉄単価はサブプライムショックと金融危機により二〇分の一の三円台まで激減して業者は大赤字になったが、信頼度の高い業者であったので、約束は守ってくれた。

もちろん私も解体作業に可能な限り参加してその信頼にこたえた。1章で触れた76ページの写真である。

残したのは防風ネットとスプリンクラーシステムだけである。

この変更で、ここに新たにできる第四果樹園関連作業をまだ試算していないからそれを含めなければ、年間約八五〇時間の労働時間短縮になる想定である。

次が第一ぶどう園東の素掘り側溝約八〇メートルの撤去作業。

この素掘り側溝は年一回の溝さらいと、年七回の背負い草刈り機による草切り、手鎌による年五回のハウス際の草切りを行う必要があった。

その総労働時間は約三〇時間、しかしその素掘り側溝はほとんど水が有効に流れなかった。そこでその側溝をつぶして三〇時間の節約をすることに決め、側溝を埋めた。

図 25　素掘り側溝撤去作業

第 1 ぶどう園（左）と、撤去して何もなくなった第 2 ぶどう園の間の排水改良工事。17 年間育ててきたぶどうの樹を伐るとき、妻は反対した。

二〇〇九年以降は乗用モアー（乗用の草刈り機）による作業とした。

同様に、第一ぶどう園と第二ぶどう園の間の素掘り側溝もその管理に約一八時間の年間労働時間を要していた。

それもその他の作業性や、排水の性能、第一ぶどう園西からの漏水防止を目的として、二〇〇八年最後の改良工事としてコンクリート側溝の埋め込み工事を行った。写真は排水改良工事。左側が第一ぶどう園の北側、右が撤去して何もなくなった第二ぶどう園である。

私はへそ曲がりだから、U字溝を上向きにではなく、下向きに敷設している。そうすると、ふたが不要になる、下に水が浸み込むから流出量が減る、途中では高低差が出ていなくてもパイプ敷設と同じだからはじめと終点間に落差があれば流れる、などなど良いところばかりである。なぜ誰もこの工法を考えつかないのか不思議である。

これにより第一ぶどう園の八番棟が浸水によって裂果するリスクが減り、水はけがよくなり、見掛け上の年間労働時間が一八時間削減される。このように少しずついろいろな作業を削減して年間約一〇〇〇時間の労働時間短縮を図り、従来の「3・2・3ガイドライン」から「4・3・2ガイドライン」への移行努力を積み重ねている。

農業経営戦略　V2：二〇〇九年版の要約

農業経営戦略V1：一九九二年版は良くできた経営戦略で、二〇〇八年までの一六年間全く変更なしにうまく経営を導いた。

今回作成したV2の農業経営戦略も五項目の戦略はまったく変更なしに経営できそうで、変更箇所は戦術の九項目と目的の二項目だけで済みそうだと考えられる。

大まかに新しい戦略を総括すると、三三％の労働時間を削減して売上を一〇％減らし、利益は不変、という超効率の良い最適化をさらに推進する結果になると確信している。

余談だが、我が家では私が常に「楽観的予測の名人」で、妻が「悲観的な予測の名人」である。当然意見の対立は日常茶飯事だが、この予測も私の「楽観的な予測」の面目躍如である。

その他の変更は、加齢による間違いや小さなミスの発生を吸収できるような、より冗長性に富んだ仕組み作りと、労働負荷とストレスを減らし、間違う余地を減らしながら、経営移譲の準備作業をデジタル技術活用により推し進める。

この作業を五年間、変更の効果を検証改良しつつ進め、198ページの図20で、「楽しく健康維持モード」へと百姓定年準備を完了する予定である。

これでおわかりいただけたと思うが、私が言う**「百姓にとっての理想的な廃業や定年とは生活を維持するためにする百姓から、健康維持のためにする百姓へとの目的変更のこと」**である。

おわりに　ライフスタイルのなかの農

国際企業に身を置く前職で企業戦士として頑張っていた。私の英語のタイトルは「ディレクター・オブ・マーケティング・ジャパン」であったが、その関係で米国、ヨーロッパ、韓国、そして中国他各国営業責任者達と交流があった。その半導体の世界はシリコンサイクルと呼ばれオリンピックや米国の大統領選挙同様四年ごとに好景気と不況が繰り返し巡ってくることが当たり前の世界であった。その度ごとに大量解雇と大量採用を繰り返してお金と資本の論理ですべてを処理していた。朋が去ってゆくのはつらいものだ。

そのようななか、農耕民族として生まれた自分の生き方を再検討した結果、百姓になると決断したのはいまから二〇年前の一九八九年のことであった。四九歳の夏である。消費者に本当に必要か否かを問わず、大量生産・大量消費・大量廃棄を促して売上をあげ、成長を続けるビジネス論理に疑問を持ち、自分が生きてゆける最小限度の生産活動で、お金の流れを指標とする景気変動など全く気にせず、心豊かに生きられないか？　それは私が百姓に転身したときの思いであった。

しかし人は生き方の手法は変えられない。

その手法を是認し着地点を求めたのが、前二書『農で起業する!』と『農!黄金のスモールビジネス』である。

最初の本はとりあえず食えるお百姓さんになるという目標に沿ったものである。

次の『農!黄金のスモールビジネス』はどのような手法で農業の生産性を上げるかとのテーマで書いた。

そして今回、もし書くとしたら自分の加齢のこともあり、いかに生きるか、さらには農業ビジネスの継承と撤退という普通本にはなじまない切り口が、前二書に続く義務かな?との思いで筆を執った。

私はむかしから口が悪いし、配慮に欠ける発言も多い。

妻がいつもひやひや・おろおろするのもうなずける。

が、幸いなことによくできた友人が多い。地元にも九州一円にも農家の友人が多数いて助けてくれる。どれだけ助けられたかわからない。その友人たちのネットワークが私を百姓で食っていけるようにしてくれた。

交流施設コムシャックでの様子

宮崎市立図書館でのミニコンサート

田舎暮らしのネットワークも大事だ。

専業農業の部分は私の時間の三分の一しか占めていない。その他趣味の園芸や田舎暮らしを楽しむライフスタイルを支持してくれる友人たちとの活動や交流がここ宮崎県綾町で骨をうずめることを喜びに変えてくれる。

写真はそのうちの一部、我が家の交流施設コムシャックで行った子どもを対象にしたイベントにお集まりいただいた方々、もう一例は宮崎市立図書館で行った私の親父バンド仲間とのミニコンサートのスナップである。

私はハーモニカ、友人はギターとピアノそれに編曲担当である。このように社会との重層的なかかわりの中で楽しく農業ができて、生活をエンジョイしながら燃焼し切れることは感謝の極みというほかない。

最後になるが、本を書くのは二冊で終わりだと思っていた。

しかし築地書館の土井社長の熱意に負けた。ぶどうの作業中に我がぶどう園に押し掛けて作業の手伝いをしながら説得された。ぶどうの摘粒の時期にも東京から来て作業中、日がな横で語っておられた。柴萩正嗣さんという優秀な編集者も得た。本が仕上がったのは彼の努力に負うところが多い。

ぶどうのハウスにビニール被覆を昨日終わり、四月の一〇日ごろ忙しくなるまで仕事はあまりない。

ただ、地球の気象が荒ぶらないのを祈るだけが仕事だ。気も心も自然の中に溶ける日々が始まる。

二〇〇九年二月節分の日　杉山経昌

杉山経昌

すぎやまつねまさ

1938年（昭和13年）、東京都に生まれる。

5歳のとき疎開して千葉県で成長し、千葉大学文理学部化学科を卒業。

サラリーマン時代に得た徹底的なデータ管理技術を活かして、

現在、専業農家。

*

アイデアは試す

・世の中の常識を否定する。

・失敗しても許せる規模で試す。

・失敗したらまた別のアイデアを試す。これを永久に繰り返す。

時間が答え

・種から育てる

・成長したときの姿を思い描く

・時間をお金で買わない。

極める

・妥協しない

・途中であきらめない

・自分の限界がわかるまで続ける。

足るを知る

・満足を知ると、いまが幸せ。

・欲を捨てると、失敗がなくなる。

逝くを恐れず

・思い残すことなく生き、毎日完全燃焼。

・したいこと、なすべきことをする。

・何も残さずに逝く。

いまは、そんな境地だ！

農で起業！ 実践編
新しい農業のススメ

2009 年 4 月 10 日　初版発行
2009 年 4 月 30 日　2 刷発行

著者　杉山経昌
発行者　土井二郎
発行所　築地書館株式会社
〒104-0045　東京都中央区築地 7-4-4-201
☎03-3542-3731　FAX03-3541-5799
http://www.tsukiji-shokan.co.jp/
振替 00110-5-19057
印刷・製本　シナノ印刷株式会社
ブックデザイン　今東淳雄 (maro design)
©Sugiyama Tsunemasa 2009 Printed in Japan
ISBN978-4-8067-1381-4

築地書館の農業書

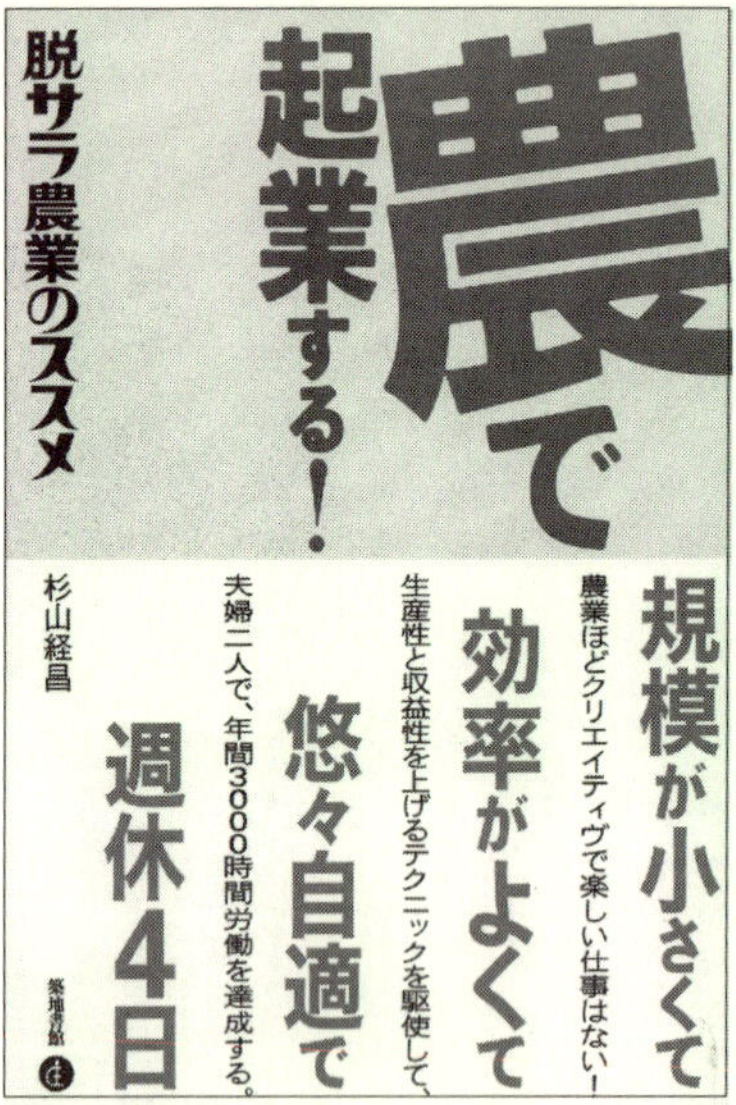

『農で起業する！』

脱サラ農業のススメ

杉山経昌［著］　定価：本体 1800 円＋税

すべてはここから始まった！

新規就農者のバイブル。

本書を読まずに脱サラ農業は語れない。

築地書館の農業書

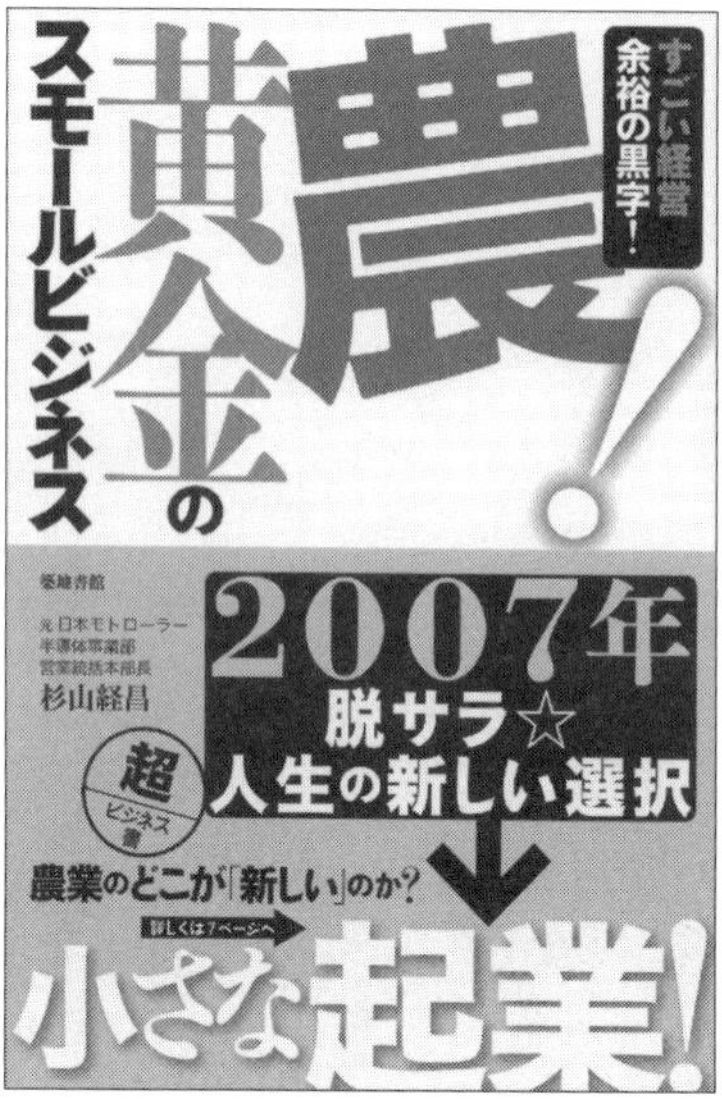

『農！ 黄金のスモールビジネス』

杉山経昌［著］

定価：本体 1600 円＋税

最小コストで最大の利益を生む「すごい経営」。
小さな起業を考えるすべての方へ。

築地書館の農業書

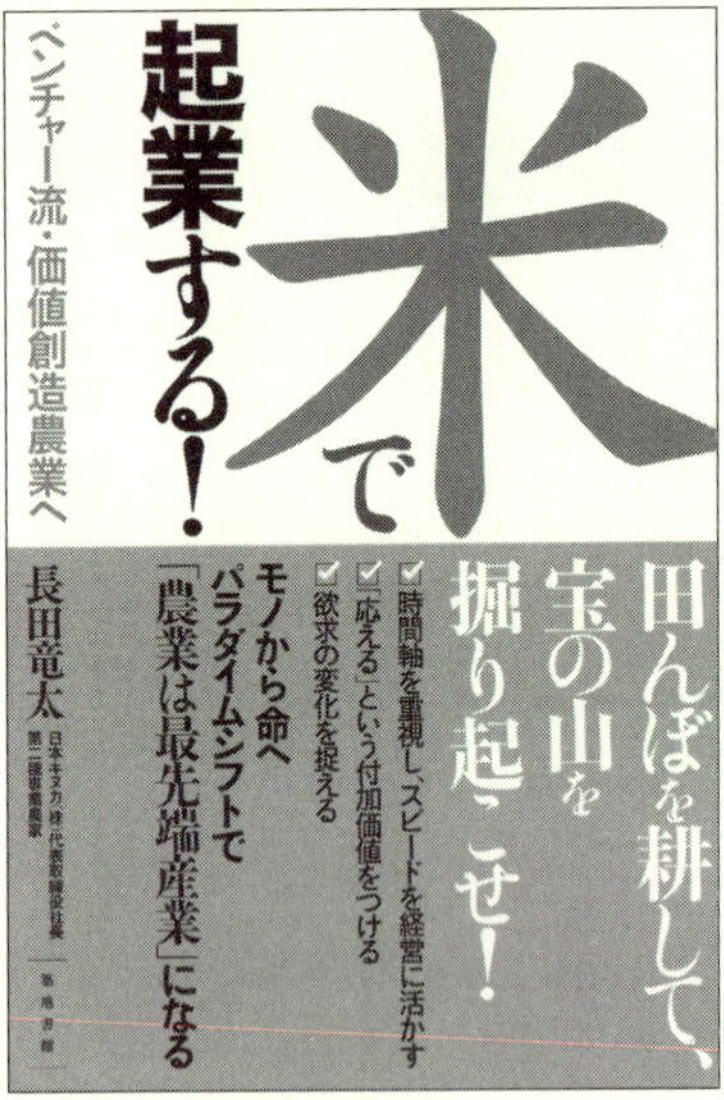

『米で起業する！』

ベンチャー流・価値創造農業へ

長田竜太［著］

定価：本体 1600 円＋税

完全無借金経営を行う稲作農家が、
ベンチャー企業を立ち上げた。
国内第１号の国有特許実施契約を締結し、
コメ糠を有効利用した新商品を開発する著者が、
農業経営効率化の方法、
農業の巨大な可能性を指し示す。